Telefonía

JORGE SARMIENTO EDITOR - UNIVERSITAS

Ing. Francisco C. Suárez Vargas

TELEFONÍA

JORGE SARMIENTO EDITOR - UNIVERSITAS

CRÉDITOS DE LA PRESENTE EDICIÓN:

Diseño de Carátula: JORGE SARMIENTO
Diagramación y Diseño: EL AUTOR
Dibujos y Gráficos: EL AUTOR

El cuidado de la presente edición estuvo a cargo de

Jorge Sarmiento

Suárez Vargas, Francisco César
   Telefonía / Francisco César Suárez Vargas. - 1a ed . - Córdoba : Universitas - Editorial Científica Universitaria, 2020.
   Libro digital, PDF

   Archivo Digital: online

   1. Telefonía. I. Título.
   CDD 384.6

CÁMARA ARGENTINA DEL LIBRO   **Argentina**   Fundación El Libro

Obispo Trejo 1404. 2 "B". Bº Nueva Córdoba. (5000) Córdoba. Te: +54 9 351 3650681
Email: universitaslibros@yahoo.com.ar
Miembros de la Cámara Argentina del Libro y Calipacer

Distribución en el exterior: Editorial Brujas. Pje. España 1485. Córdoba. Argentina. Te: +54-351-4606044 y 4691616. Horario: lunes a viernes de 9 a 18 hs.
Email: publicaciones@editorialbrujas.com.ar - Web site: http://www:editorialbrujas.com.ar

Venta directa: Obispo Trejo 1404 - 2 B - Córdoba. Argentina - Te: 54 9 351 3650681
Email: universitaslibros@yahoo.com.ar - www.universitaseditorial.com

PREFACIO

La idea de este trabajo surge como consecuencia de que la bibliografía disponible provenía de países con sistemas y normas diferentes a los nuestros, y porque es tan abundante la cantidad de textos con información muy específica, que hace imposible que uno solo de ellos (o unos pocos) cubran los contenidos mínimos de la asignatura Telefonía.

La obra no es un tratado para especialistas. Contiene los temas básicos para entender el servicio telefónico. Tiene como objetivos principales, los siguientes puntos:

- Conocer todos los aspectos esenciales para entender como se presta el servicio telefónico, tanto fijo como móvil. Saber qué elementos se necesitan para hacerlo, y cuáles son las tecnologías utilizadas y su actual grado de desarrollo.

- Introducir al estudiante en los principios de la TELEFONÍA proporcionando una visión amplia de los conceptos que se manejan, desde los mas elementales, para así poder entender cómo se establece una comunicación telefónica.

- Mostrar al futuro ingeniero, el entorno en el cual se desenvolverá su actividad laboral, resaltando que la evolución de la telefonía es una constante permanente

Se explicar en estos capítulos el porqué de lo que se desarrolla, para qué sirve, y la razón por la que se aplica en la realidad. Es importante contar el origen del problema que llevó a la solución que se pretende inculcar. Se pretende orientar el desarrollo a los temas conceptuales más importantes, dejando para la lectura especializada, los detalles complementarios. En los apéndices se incluye, además, información histórica. Los ejemplos están destinados a demostrar que los conocimientos teóricos se aplican realmente en la industria de las telecomunicaciones, poniendo especial atención en que los cálculos numéricos verifiquen que la teoría funciona. Así es que en ellos se resuelven los problemas de ingeniería típicos de la especialidad. Se ha dado real importancia a la presentación de temas y situaciones especiales que le serán de utilidad al egresado para salir airoso de potenciales entrevistas de trabajo.

RECONOCIMIENTOS

"Todo es posible gracias a la perseverancia..."

En efecto, esta afirmación encontrada varias veces en varios lugares y circunstancias de mi vida, es la que mejor describe la historia de esta publicación. Debo reconocer la perseverancia en insistir para que la concretara, del consejero superior de la Facultad Regional Tucumán, **R.M. Carrión** ya que sin él, este trabajo no hubiese podido aparecer.

Escribir no es fácil e implica sacrificio, tanto para el que lo hace como para quienes lo rodean, de modo que es grande también el agradecimiento a mi esposa quien me alentó permanentemente a seguir hasta terminar!

Finalmente, no puedo dejar de reconocer que los mayores conocimientos y experiencias fueron obtenidos en la **EnTel**, tanto de la actividad laboral como de los cursos dados por el Instituto de Capacitación y de los colegas y profesores de la Empresa estatal. Qué lejos quedaron aquellos días! ¡Gracias **EnTel...**!

Ing. Francisco C. Suárez Vargas
S. M. de Tucumán, Julio de 2.010

ÍNDICE

-I-
EL APARATO TELEFÓNICO

1. El aparato telefónico convencional

Poco han cambiado las funciones del aparto telefónico desde su concepción en 1.875 hasta nuestros días. Sí ha evolucionado en la tecnología de sus componentes y por ende la calidad de sus prestaciones, pero las funciones esenciales permanecen como las de los primeros aparatos del siglo XIX. Se las describe de acuerdo a la forma en que antiguamente se denominaban las acciones del aparato convencional, a manera de anécdota. Así el actual microteléfono se denominaba "tubo", la acción de desconectar se llamaba "colgar", el marcar el número de destino era "discar", etc. Son ocho las funciones:

a. Solicitar el servicio (al levantar el "tubo")
b. Indicar que el sistema está disponible (tono de invitación a discar).
c. Seleccionar y enviar el número de destino.
d. Indicar el estado actual de la llamada. (tono de ocupado y otros).
e. Avisar que está entrando una llamada (tono de campanilla).
f. Transformar la voz en señal eléctrica y viceversa.
g. Ajustar automáticamente los niveles de la señal recibida.
h. Avisar del final de la comunicación.

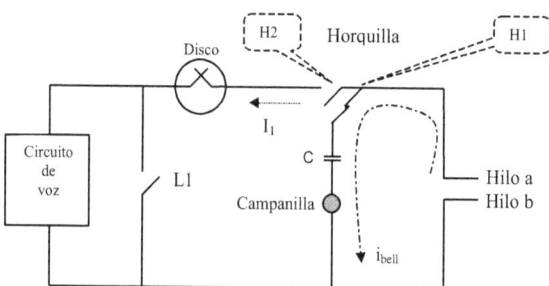

Figura I-1 Circuito eléctrico del teléfono convencional

Estas funciones se realizan siempre, independientemente de la tecnología de la central o del aparato mismo.

El circuito eléctrico se muestra en la figura I.1. Obsérvese la sencillez del mismo. El circuito de voz es el que contiene el micrófono y el auricular y otros componentes, todos circuitos pasivos. Se ha dibujado en el estado de reposo, es decir cuando el teléfono se halla con el "tubo colgado", lo que provoca que el contacto H1 de la horquilla esté cerrado y el H2 abierto. La alimentación que proviene de la central —generalmente 48 Vcc— llega por los hilos a y b no provoca circulación de corriente ya que el capacitor C presenta una impedancia infinita. No hay circulación de corriente: I=0.

1.1 Proceso: llamada entrante

Cuando otro abonado – de ahora en más lo llamaremos [**B**] – intenta comunicarse con este aparato, llamémosle abonado [**A**], tendrá que manifestarse la función e) descripta en §1. Para esto, la central envía una señal alterna i_{bell} de aproximadamente 50 Hz 90 Volt. (en el capítulo VII §8.3.2 se indican las características de esta señalización). El capacitor C, presenta una impedancia nula a esa frecuencia, razón por la cual se cierra el circuito activando la campanilla. En un teléfono electrónico esa misma señal sirve para activar algún circuito que, por ejemplo, genere otros tonos o melodías particulares. La función d) se pone de manifiesto en el abonado [**B**] al recibir de la central un tono denominado retorno de llamada cuyas características se dan en VII §6.2. Al contestar [**A**] levanta el tubo provocando la apertura de H1 y el cierre de H2. Esto hace que se produzca la circulación de una corriente continua I_1 que se cierra por el circuito de voz, por eso llamada comúnmente corriente microfónica. Este repentino salto de 0 a I_1 es detectado por la central (con algún tipo de sensor), que desencadena una serie de procesos, como por ejemplo, cortar la señal de campanilla al [**A**] y cortar el retorno de llamada al [**B**]. La razón de estos procedimientos es posibilitar que el sistema generador de señales quede disponible para otra posible llamada, ya que la actual en curso no lo requerirá más. Veremos con más detalles en el capítulo VII § 10, que otro de los procesos que activa este salto de corriente, es la de iniciar el proceso de tasación.

Cuando alguno de los abonados "cuelga" o "corta" al decidir finalizada la conversación, acciona la horquilla llevando los contactos H1 y H2 a su posición de reposo, interrumpiendo la corriente microfónica, función h). Otra vez se produce un salto de corriente, ahora desde I_1 a 0 lo que desencadena nuevos procedimientos como el fin de la tasación y la liberación de los circuitos asociados a la comunicación. Puede intuirse que los saltos de corriente resultan ser una eficaz forma de señalización, denominada señalización de corriente continua. Ver capítulo VII § 3.1.1.

1.2 Proceso: llamada saliente

Supongamos ahora que el abonado [**A**] desea iniciar una comunicación por lo que "levanta el tubo", (en un teléfono electrónico moderno tal vez la acción corresponda a pulsar una tecla), lo que provoca el cierre de H2 (y la apertura de H1, que en este proceso no tiene aplicación). La corriente I pasa del valor 0 al valor I_1 desencadenando en la central, algunos procesos interesantes.

- Activa en la central el generador de tonos que envía el tono de invitación a discar (425 Hz continuos, descrito en VII §6.1).
- Predispone a la central a recibir el número del abonado destino [**B**]. Como el aparato puede ser uno moderno o uno antiguo, la central debe estar preparada para recibir tanto tonos multifrecuentes como pulsos decádicos.
- Otros relacionados con los procesos de selección, encaminamiento, que se ven detalladamente en los capítulos VI y VIII.

Al iniciar el marcado del número destino ya sea mediante un disco o un teclado se produce el cierre del contacto L1 que cortocircuita el CV haciendo que la corriente aumente de I1 a I2.

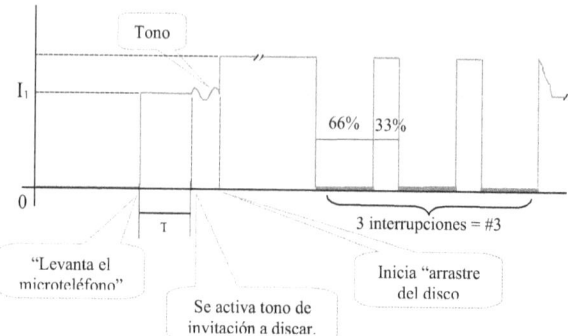

Figura I.2 Señalización de los impulsos decádicos – Dígito "3"

Esta nueva "señalización" se detecta en la central provocando la finalización del tono de invitación a discar. La corriente I2 se mantiene mientras se "arrastra" el disco hasta el tope; al "soltar" el disco, un mecanismo sincrónico efectúa la interrupción de la misma. Luego de la última interrupción la corriente vuelve al valor I1. El dígito marcado r se representa como r interrupciones. En la figura I.2 se ha representado el dígito "3". Cabe la aclaración de que el dígito "0" se representa mediante 10 interrupciones. En § 8.2.1. se especifica la duración de los impulsos.

En los teléfonos electrónicos el tiempo equivalente a arrastrar el disco se efectúa con un temporizador, y las interrupciones con un generador de pulsos decádicos.

El intervalo t =T en la figura I.2 es un transitorio igual al tiempo de establecimiento del tono de invitación a discar. Todos los instantes de tiempo indicados son de duración aleatoria. La duración de cada interrupción es de aproximadamente 100 mseg. (8 a 16 por segundo) con una relación 2/1 abierto/cerrado (66% /33%). Ver § 8.2.1 Cap VII.

Los aparatos telefónicos actuales, realizan las mismas funciones primitivas descriptas, pero utilizando nuevas tecnologías. Así por ejemplo, el comando mecánico que cierra L1 al "arrastrar" el disco, se reemplazó por un contacto electrónico que se activa al pulsar la tecla del primer dígito.

2. El circuito de voz

Cuando se trata de la conversación, el circuito de voz CV es la parte más importante del teléfono. En sus orígenes el CV era simplemente un receptor y un micrófono conectados en serie en donde tanto la corriente de alimentación I como la señalización y la corriente de voz circulaban por ambos elementos (figura I.3). En estas condiciones en el receptor no solo se escuchaba la voz del otro abonado [B], sino la propia voz del abonado que estaba hablando [A].

Sucedía que si la intensidad de la señal que venía del otro abonado [B] era débil, podría ocurrir que [A] escuchara su propia voz mucho más fuerte que la de [B], efecto que produciría molestias ya que ambos abonados tratarían de bajar sus niveles de voz y el resultado sería que escucharían aún menos desde el otro lado de la línea.

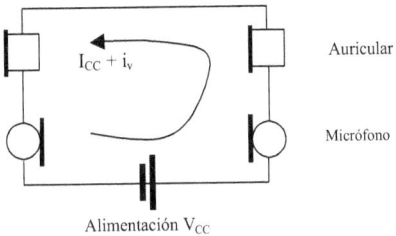

Auricular

Micrófono

Alimentación V_{CC}

Figura I.3 Conexión de los circuitos de voz primitivos

La conexión de la figura anterior es la típica implementada en los circuitos de los "porteros eléctricos" de bajo desarrollo.

A fin de evitar esta molestia se desarrolló el transformador de voz, una especie de híbrido capaz de guiar la señal de recepción al auricular y la señal del micrófono a la línea (casi como transformar dos hilos a cuatro hilos, ver § 6 del cap. IV). El esquema del circuito eléctrico se ha dibujado en la figura I.4. Con este dispositivo se consigue además, reducir la voz a un nivel adecuado en el receptor propio. La impedancia z está a fin equilibrar la impedancia del micrófono.

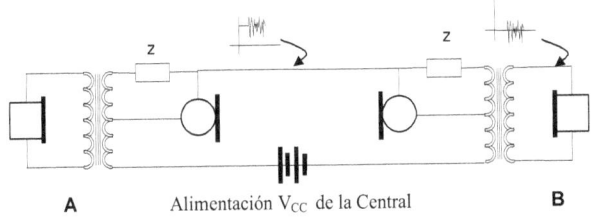

A   Alimentación V_{CC} de la Central   B

Figura I.4 Conexión de los circuitos de voz primitivos

Imagínese que habla el abonado [A] por lo que su micrófono hace las veces de generador, entonces la corriente de voz, i_{ca} se suma a la corriente de batería I_{cc} las que circulan por el circuito formado por la batería y los dos arrollamientos primarios.

Obsérvese que solo la corriente i_{ca} es transformada al secundario donde está el auricular de [A], pero debido a que la conexión del micrófono se hace en la mitad del arrollamiento se reduce la señal que pasa a su propio receptor. En el otro secundario que va al receptor del abonado [B], solamente llega la i_{ca}.

2.1 Abonado [A] hablando

En la figura I.5 las flechas muestran lo que sucede durante el semi periodo de la corriente alterna generada en el micrófono.

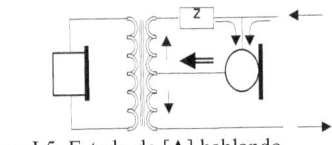

Figura I.5. Estado de [A] hablando

Durante el otro semi periodo, todas las flechas cambian de sentido.

4

Las corrientes en el primario circulan en sentidos contrario por lo que se anulan y no inducen en el secundario. En rigor, y debido a las pérdidas y a la imposibilidad de derivar en la mitad justa del arrollamiento, la corriente inducida es mínima pero no nula. Esta imperfección se aprovecha porque siempre es necesario, por razones subjetivas, que el abonado oiga su propia voz en un nivel relativamente bajo. De lo contrario no se oiría a si mismo y su cerebro razonaría que está hablando muy despacio por lo que trataría de elevar su propia voz causando molestias innecesarias.

2.2 Abonado [A] escuchando

En la figura I.6 la corriente de voz generada en el micrófono de [**B**] circula en ambos arrollamientos primarios de [**A**] en el mismo sentido, provocando la inducción en el secundario y por lo tanto generando energía en el auricular de [**A**]

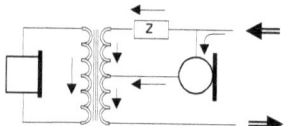

Figura I.6 Estado de [A] escuchando

Esta forma de conectar el transformador de voz se llamaba conexión anti local.

3. El circuito de regulación

Los teléfonos convencionales han desarrollado circuitos de Tx y de Rx lo suficientemente sensibles como para dar señales de elevada calidad sin que haya sido necesaria ninguna amplificación. De hecho, todos los circuitos son pasivos. Esa calidad debe mantenerse para todas las líneas por igual, sean estas cortas (abonado cerca de la central) o largas (abonados lejos de la central). Como se verá en el Cap. V la línea de abonado se diseña para que la más alejada tenga como máximo una resistencia de bucle de 1Kohm. Tales características se consiguen con los circuitos de regulación de transmisión los que utilizan capacitores, varistores y resistencias, en una configuración similar la mostrada en figura I.7.

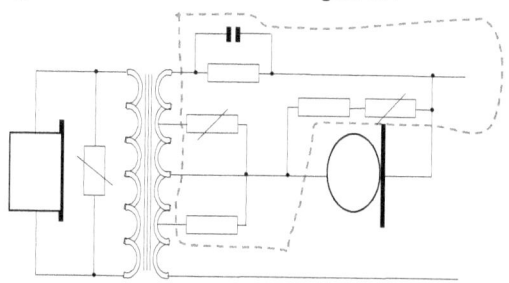

Figura I.7 Circuitos de regulación (entre líneas de trazos)

Es obvio que al aparato del abonado próximo a la central le llegará un nivel de corriente más alto que aquel abonado alejado de la central. Sin embargo es deseable que el nivel de voz (corriente microfónica) sea constante. Como todos los aparatos son iguales se hace necesario que se atenúe la señal a un nivel adecuado, en aparatos cerca de la central y que tal operación se haga en forma automática sin intervención del técnico y mucho menos del abonado!

5

4. Sistemas de marcación

Está claro que al levantar el "tubo" la corriente activa un sensor en la central que, entre otros eventos, conecta el abonado al receptor de señalización. Este órgano envía como respuesta al aparato del abonado, un tono (de invitación a discar). Los impulsos de discado (en realidad las interrupciones) se efectuaban mediante un dispositivo mecánico adosado al disco, que fue reemplazado por un teclado que es capaz de provocar las mismas acciones, pero mediante un generador de impulsos decádicos. Todos estos eventos se han resumido en la figura I.2.

Otra forma de marcar el número de abonado es mediante tonos multifrecuentes especificados en la recomendación Q16 y detallados en § 8.2.2. del capítulo VII.

Como referencia anecdótica, el tiempo promedio para marcar un dígito era en promedio de 1,5 segundos con un disco y es de 0,7 segundos con un teclado. El ahorro de tiempo es evidente lo que es de gran importancia en las comunicaciones interurbanas e internacionales. El alumno podrá deducir la conveniencia de contar con un sistema que primero almacene todos los dígitos marcados y luego los envíe en una cadencia constante.

5. El micrófono

El efecto de transformar las variaciones de presión causadas por la voz, en variaciones de corriente eléctrica, las realizó el micrófono, de la misma manera durante más de 100 años. El principio consistió en encapsular gránulos de carbón entre dos placas metálicas recorridos por la corriente continua de la central (corriente microfónica) de manera de crear una resistencia a la misma. Una de las placas flexible (membrana) al comprimirse (o expandirse) por efectos de la presión del aire (debido a la voz) comprime (o expande) los gránulos de carbón haciendo que la resistencia también varíe proporcionalmente a esa presión. Se provocó una "modulación" de la corriente continua de acuerdo a la variación de la voz.

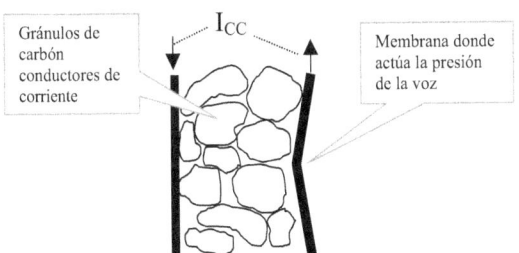

Figura I-8 Micrófono a gránulos de carbón

Las mejoras se lograron a través de la mayor calidad de los materiales pero el principio se mantuvo desde la época de G. Bell. Recién en la década del 70' aparecieron nuevas tecnologías que permitieron reducir el tamaño de los micrófonos y aumentar su sensibilidad.

Si bien existen varios tipos de micrófonos solo hay dos que pueden competir por sus prestaciones y bajo costo con el de carbón.

5.1 Electrodinámico

Posee un diafragma que se encuentra ligado a una bobina dentro de un imán permanente, por lo que el movimiento de las espiras de la bobina dentro del campo magnético (por efectos de la presión de la voz) induce una corriente proporcional a ese desplazamiento.

5.2 Electret

Es el nombre del material cuya característica es que mantiene permanentemente la carga eléctrica. Al construir un capacitor de placas con un dieléctrico de "electret", y hacer que una de las placas del condensador sea el diafragma del micrófono, al moverse la membrana cambiará la capacidad y aparecerá una corriente proporcional a esa variación $V=Q/C$. La corriente resultante es muy pequeña por lo que debe amplificarse mediante transistores tipo FET que en configuración seguidor emisivo adapta la elevada impedancia del micrófono. Este dispositivo ya deja de ser pasivo, cosa que no ocurría en el aparato convencional.

6. El auricular

Es en esencia una bobina de muchas espiras arrolladas sobre un núcleo de imán permanente. El flujo magnético producido por la variación de la corriente se sumará o restará al flujo permanente atrayendo o repeliendo la membrana metálica, la que al presionar el aire "vibrará" reproduciendo la voz originada en el micrófono.

El imán permanente es necesario pues sin él la membrana sería atraída tanto cuando la corriente de voz circule en un sentido o en el otro.

Existen variantes constructivas, pero el principio de funcionamiento es el mismo, lo que puede ampliarse con bibliografía específica.

Referencias Bibliográficas

Ericsson, L. M. - "Telefonía Básica" Cap 4A- Ed. CAT – 1988.

-II-
Tráfico Telefónico

1. Introducción

Lo que el abonado espera de su sistema telefónico es conectarse inmediatamente, o casi inmediatamente, con el destino solicitado. Desea también que dicha conexión se realice en el primer intento, que esté libre de fallas y que permita una comunicación de óptima calidad.

Por otro lado, a la administración telefónica le interesa manejar sistemas que operen en forma productiva, es decir, que los costos de introducción e instalación, de operación y de mantenimiento, sean los más bajos posibles. Estos requisitos se satisfacen estructurando el sistema con una cantidad limitada de **órganos**[1].

La cantidad precisa de ellos se puede fijar mediante la *teoría de tráfico*, que es la herramienta que los matemáticos han puesto a disposición del ingeniero que debe proyectar las instalaciones telefónicas. También para aquellos que deban controlar, cuando esas ya estén en servicio, que el tráfico se desarrolle de acuerdo a los datos preestablecidos, o sea de la manera más eficiente y económica. El cálculo de esta cantidad es uno de los más importantes ya que determina la cantidad de órganos, que deberán ofrecerse al abonado para hacer frente, en todo momento y de manera satisfactoria, cualquier servicio de telefonía.

2. Densidad telefónica

El proyecto del equipamiento de conmutación suele hacerse con planes a 10 o a 20 años, por lo que es de vital importancia contar con indicadores a largo plazo. Precisamente al hacer el análisis a futuro interviene en forma natural el crecimiento demográfico, de modo que una buena base de partida es la relación entre la cantidad de teléfonos y la población, relación que llamamos "densidad telefónica" y la definimos como:

$$\delta = \frac{Tel}{Hab} \times 100$$

La densidad telefónica es de cerca del 60 % en los países más avanzados de Europa y América del Norte, mientras que en Sur América Uruguay está al tope con 27, claro, porque su población es baja. Argentina con 20,11 teléfonos fijos por cada 100 habitantes; está entre las tres primeras[2]. La figura II.1 ilustra lo antedicho. Una mención aparte merece la densidad de teléfonos móviles en Argentina que al 31/12/2008 era según el Index de 85% ($35 \cdot 10^{6}$), una de las mejores del continente. Ver Cap. IX y X.

---

1. Para mayor simplicidad denominaremos genéricamente órganos de la central o simplemente **órganos** a las "vias de comunicación" que, según el caso podrán ser: líneas, troncales, circuitos, vínculos, canales, dispositivos, filtros, generadores etc, los que tendrán menor o mayor grado de complejidad electrónica, eléctrica o de software.
2. Fuente: ITU, World Telecommunication Development Indicator, 2001.

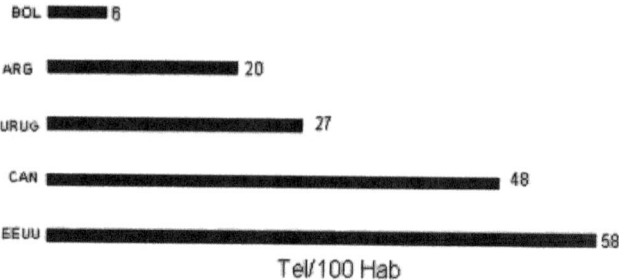

Figura II.1 Densidad Telefónica en varios países

3. El PBI y la densidad telefónica

Se han hecho muchos intentos para predecir la cantidad de teléfonos de un país determinado ya que estas predicciones son muy valiosas para las administraciones telefónicas cuando están planeando sus futuros servicios y ampliaciones. Un parámetro para estimar el crecimiento de la densidad telefónica y de la futura demanda, es el PBI, ya que se ha comprobado que existe una relación lineal entre el crecimiento de éste y el de la densidad telefónica, como puede verse en figura II.2 (línea de trazos).

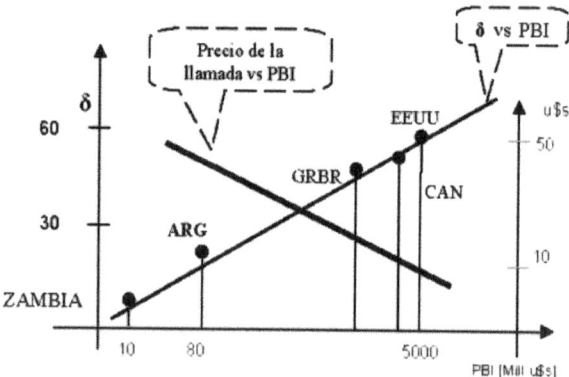

Figura II.2 Densidad Telefónica vs. PBI y precio vs PBI

La inversión realizada por cada Administradora deberá recuperarse con las tarifas de usuario, (si no median subsidios estatales), de modo que el costo de la llamada también tendrá una fuerte relación (inversa) con el PBI. Eso es lo que sucede en este continente, ya que una llamada internacional de 60 minutos de duración, en EE.UU. cuesta menos de u$s 10 mientras que en Argentina cuesta u$s 46 y en Perú u$s 57! que es lo que se representa con la línea llena en figura II.2.

Internacionalmente suele compararse las tarifas a través de lo que se denomina "paquete de uso", que se forman con las duraciones mensuales promedio de llamadas a diferentes servicios. En Argentina por ejemplo, el "paquete de bajo uso", compuesto por 200 minutos de llamadas locales más 50 minutos de llamadas de larga distancia, tiene la tarifa más alta de Sur América. Lo mismo para el "paquete de alto uso", compuesto por 1500' de llamadas locales,

9

200' de larga distancia, 60' de internacionales y 60'de Internet, colocan a las tarifas de Argentina, por elevadas, en el grupo de los países con muy poco desarrollo.

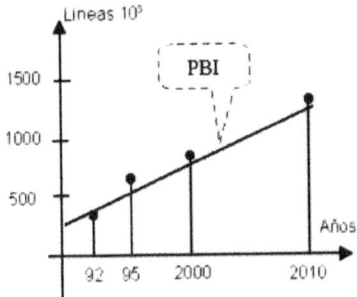

Figura 2bis-II Comparación de la evolución del PBI y de las líneas instaladas

La previsión de la demanda en Argentina ha desorientado a los expertos quienes con sus estimaciones a 10 o a 20 años, vieron concretadas sus metas al llegar a los cinco años. Esto demuestra la rápida expansión del servicio telefónico en el país, reflejada en la tabla II.T1 y en la figura II.2bis.

	1992	1995	2000
Líneas instaladas x 10^3	530	990	1300
Teléfonos /100 hab	7	17	27
Teléfonos públicos	560	1080	1200
Teléfonos semi públicos	70	140	160
% de digitalización	27	85	100
Costo de instalación de 1 línea [u$s]	> 1.000	500	100
Abono mensual	¿?	7,50	13
Celulares			22 10^6

Tabla II.T1 Expansión Servicio Telefónico en Argentina

Se calcula que a enero de 2.010 había 35 millones de aparatos celulares!

4. Parámetros relacionados con el tráfico telefónico

Las instalaciones telefónicas automáticas, como toda obra de ingeniería, deben ser proyectadas de modo que exista una correspondencia, lo más exacta posible, entre su estructura, (ya sea en la disposición de los órganos, como en la cantidad de ellos) y la función que a ella le es confiada. Una vez que la instalación está en servicio, se deberá verificar mediante apropiadas mediciones, si tal correspondencia se ha logrado. Además, dado que los fenómenos telefónicos son dinámicos, deberá comprobarse que esta correspondencia se mantenga en el tiempo.

Se ha mencionado en §1 y también en oportunidades anteriores, que la cantidad de órganos que componen las centrales son provistos en función del **tráfico** que ellas deban cursar.

Habiendo comprobado que el tráfico telefónico es de naturaleza aleatoria, el matemático danés **Agner Krarup Ërlang** (1878-1929) fue el primero en abordar el estudio del mismo en base al cálculo de probabilidades, estableciendo con esto las bases de la Teoría de Tráfico. Pero antes de entrar estrictamente en las formulaciones matemáticas, podemos inferir intuitivamente que la medida del tráfico telefónico está relacionada con el **tiempo de ocupación** del órgano o de los órganos involucrados, que estemos *observando*. Precisamente, tiempo de ocupación y tiempo de observación, son de importancia vital para la comprensión del tráfico y su unidad de medida. Es posible relacionar también el tráfico telefónico, con la **cantidad de órganos ocupados** durante determinado periodo, con el **consumo de corriente** de la central, etc.

4.1. Tiempo de ocupación

Es el tiempo total que cada órgano está ocupado en una comunicación, y está compuesto por tres tiempos parciales, que se corresponden con las tres fases típicas de todo intercambio de información:

4.1.1. Tiempo de selección (establecimiento)

Es el que transcurre entre el instante que el abonado solicitante descuelga su receptor y el instante en que comienza la comunicación (conversación).

4.1.2. Tiempo de conversación (transferencia)

Es el insumido en concretar la conversación

4.1.3. Tiempo de liberación

Es el lapso que transcurre entre el momento que finaliza la conversación y aquél en que todos los órganos ocupados en la comunicación retoman a su posición de reposo.

El tiempo de ocupación es independiente de si se logra o no establecer la comunicación puesto que las tentativas de llamada sobre abonado ocupado o las tentativas abortadas, también constituyen un tráfico determinado, ya que provocan carga sobre los equipos de conmutación. Si bien el primero y el último parecen despreciables frente al tiempo de conversación, sí se tienen en cuenta, aún con los sistemas de última generación, ya que algunos servicios especiales como el intento de acceso a celulares, llamadas en espera, etc. consumen tiempos para nada despreciables, y que en el momento de realizar los cálculos, no deben descartarse.

4.2. Cantidad de órganos ocupados

También conocida como intensidad instantánea de tráfico (IIT), es la cantidad n de órganos que estén ocupados durante un cierto tiempo de observación T. Este es un fenómeno casual (aleatorio) y por consiguiente no se puede saber en qué momento un órgano estará ocupado por una llamada determinada, pero esa cantidad n deberá ser suficiente para atender un nuevo pedido. Al ser un fenómeno aleatorio, aunque no estrictamente[3], para que sea sustentable, deberá estar referido a una cantidad grande de ocupaciones aunque siempre sujetas a variaciones relativamente sistemáticas.

La figura II.3a muestra la cantidad de órganos ocupados n en función del tiempo, donde se aprecian las oscilaciones típicas de la IIT de una central urbana, durante las 24 horas de un día de semana.

---

3. Porque existe una correlación entre la probable cantidad de comunicaciones requeridas en un instante determinado y las que ya están establecidas.

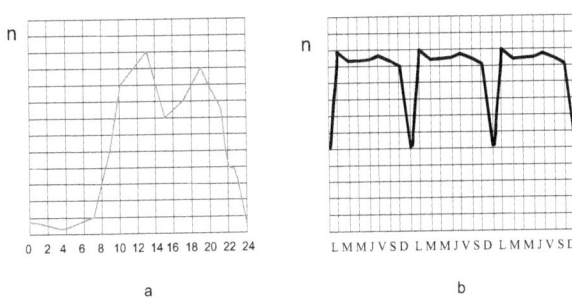

Figura II.3. Cantidad de órganos ocupados en a: un día. b: un mes

Obsérvese que aparece un pico notable cerca de las 13 horas y otro de menor amplitud alrededor de las 19 horas; y que es notablemente menor en horas de la siesta y casi nulo en horas de la noche y madrugada. Este diagrama típico corresponde a una central urbana ubicada en una zona comercial o céntrica. Algunas variaciones horarias se producen en centrales de zonas residenciales, pero conservando esas características.

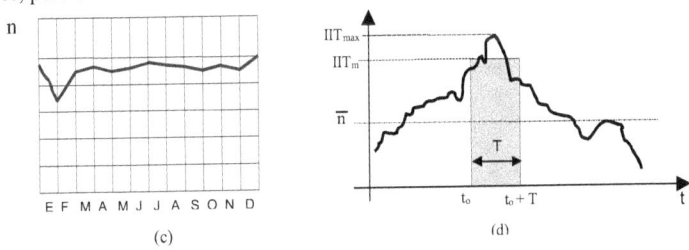

Figura II.3. cantidad de órganos ocupados en: c- un año d- intervalo cualquiera T

La figura II.3b muestra un diagrama secuencial, donde resalta la abrupta disminución de la IIT los días domingos. Si en lugar de la central mencionada, ésta estuviera ubicada en una zona turística, como Mar del Plata o Termas de Río Hondo, es de suponer que la caída no sería tan abrupta. ¿Por qué?.

La figura II.3c es un diagrama anual donde también sobresale la disminución en el mes de enero, caso comprensible si pensamos que la zona es comercial o industrial y que se trata de un mes tradicionalmente dedicado a vacaciones estivales. Si en cambio, se tratara de Mar del Plata, posiblemente hubiera un pico en lugar de una caída. Pero de ser Río Hondo, la disminución se extendería de diciembre a marzo, y el pico creciente se produciría en julio y no en enero.

La figura II.3d es tal vez la que más valor didáctico tiene a pesar de que solo grafica la variación de órganos ocupados en un intervalo de tiempo cualquiera, y se analizará detenidamente por aparte en § 5.

4.3. Consumo de corriente

Las curvas de consumo de una central telefónica se construyen llevando en ordenadas la corriente en [A] de la descarga de baterías y en abscisas el tiempo en horas de un día (o en días de una semana, o en meses de un año, etc.) de la misma manera que en las figuras II.3. Las fluctuaciones producidas tienen el mismo aspecto que las gráficas allí dibujadas.

12

5. Intensidad media de tráfico

Comprobamos que los abonados de una central pueden iniciar una comunicación en cualquier momento de un día cualquiera, que su duración es también variable y que está siempre sujeta a fluctuaciones por variadas razones. Pero lo que en definitiva rige para todos los parámetros relacionados con el tráfico telefónico es que en todos los casos existen los mismos tipos de fluctuaciones e intuitivamente podemos pensar que para medir el tráfico se podría medir alguno de esos parámetros. Llamemos a esas fluctuaciones Intensidad Instantánea de Tráfico (**IIT**). Observamos que en todos hay un valor de cresta o valor máximo.

Vamos a concentrarnos en la gráfica de la figura II.4, (tiempos, ocupaciones o corrientes) donde ese valor de pico o cresta es $IIT_{máx}$. Si por ejemplo quisiéramos conocer la cantidad de órganos ocupados en la gráfica de esa figura es correcto pensar en calcular la media **n** en ese tiempo. Pero es evidente que si las instalaciones de las centrales fueran dimensionadas de acuerdo a los valores medios de **IIT**, una parte notable de las llamadas permanecerían insatisfechas y además, las mismas instalaciones serían mal aprovechadas en los períodos de **IIT** reducido, por lo que el servicio sería pésimo tanto para el abonado como para la Administradora. Por lo tanto en el dimensionamiento, es necesario referirse a los valores más altos de IIT y resignar la utilización media parcial **n**. Sin embargo, sería excesivo proporcionar las instalaciones para el valor de pico máximo $IIT_{máx}$. Es por eso que se ha convenido en utilizar otra magnitud para el cálculo, ésta es la intensidad referida a la "**hora pico**". Previo a la definición rigurosa de hora pico, veremos cómo se obtiene el tráfico A_T cursado por un grupo de órganos en un intervalo de tiempo cualquiera T.

Si convenimos que la curva de esa figura representa las fluctuaciones de **Intensidad Instantánea de Tráfico** y la expresión analítica que la describe la denominamos **n(t)**, el tráfico A_T producido durante el intervalo t_0 y (t_0+T) será el área bajo la misma, (zona sombreada), esto es

$$A_T = \int_{t_0}^{t_0+T} n(t) \cdot dt \tag{1}$$

Esa área es equivalente al área rayada del rectángulo que tiene como base T y como altura la ordenada media $\underline{I_m}$, por lo que $A_T = I_m \cdot T$, de donde combinando con la (1) resulta:

$$I_m = \frac{\int_{t_0}^{t_0+T} n(t) \cdot dt}{T} \tag{2}$$

Esta expresión se denomina intensidad media de tráfico, es un valor numérico adimensional y que interesa para el cálculo ya que representa la *cantidad media de ocupaciones* que se producen durante el intervalo **T**. En la figura II.4 está claramente identificada.

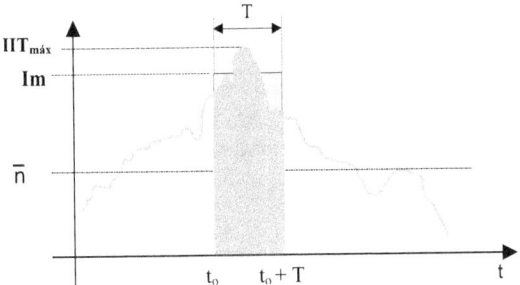

Figura II.4 Valores notables de la IIT en un intervalo de T [minutos]

Se puede suponer que la I_m se mantiene aproximadamente constante y que la cantidad de comunicaciones simultáneas varía estadísticamente alrededor de ese valor promedio.

6. Hora pico

En la figura II.4 el periodo T representa un tiempo de observación cualquiera, pero para que sea congruente con los análisis anteriores y útil para el cálculo de la dimensión de la central, deberá corresponder a un intervalo más representativo. Éste se denomina *"Hora Pico"*, y son los 60 minutos consecutivos durante los cuales la intensidad de tráfico es máxima. Las definiciones para la hora pico son varias, y el ex CCITT ya recomendaba en la serie Q80 y Q87 alguna de ellas. Por ejemplo:

- *"...es la lectura máxima que en promedio se hagan en un día hábil durante dos semanas..."*
- *"...es el promedio del tráfico en la hora de máximo tráfico de los 30 días más ocupados del año..."* Rec Q80
- *"...es el promedio de tráfico en la hora de máxima de los días más ocupados del año..."* (norma de la Bell en EEUU)
- *"...es el promedio de tráfico en la hora de máxima de los 5 días más ocupados del año..."* Rec. Q87

7. El Erlang. Medida del tráfico

La ecuación (2) expresa el tráfico de la hora pico si T es el intervalo de 60 minutos consecutivos de la cresta de la curva. Lo denominaremos **A** y adoptaremos como unidad de medida el **erlang** en homenaje a A. K. Ërlang y que representaremos con **[E]**.

$$A = \frac{\int_{to}^{to+T} n(t) \cdot dt}{T} \, [E] \tag{3}$$

No es común disponer de las gráficas y menos habitual era evaluar la integral de (3) de modo que si solo se contaba con las observaciones de la hora pico, por lo general cantidades y tiempos discretos, lo mejor era reemplazar la integral por la cantidad de llamadas multiplicada por la duración promedio de ellas. Entonces, la expresión del tráfico queda de una manera más simple como:

14

$$A = \frac{c \cdot t_m}{60'} [E]$$

(4)

C = cantidad de comunicaciones efectuadas
t_m = tiempo de ocupación promedio *expresado en minutos*

Se desprende claramente que la **unidad** de medida del tráfico telefónico, **1[E]**, equivale al tráfico cursado por **una** comunicación de **una** hora de duración, o una línea ocupada **durante 60 minutos** consecutivos.

Ejemplo II.1

Sea la línea de un abonado al que durante el periodo de observación de 1 hora se le han contabilizado 2 comunicaciones salientes de 4' y 5' de duración, y a su vez han recibido 3 llamadas de 2' de duración cada una. Encuentre:
a.- el tráfico cursado por esa línea.
b.- la fracción del tiempo de observación que la línea estuvo ocupada.
c.- el porcentaje de ocupación o rendimiento horario de esa línea

El tiempo medio de ocupación viene dado por t_m=(4+5+2·3)/5 => t_m=3 [min/llamada] y siendo c=5 llamadas, resulta que el tráfico cursado es:

$$A_t = \frac{5 \cdot 3}{60'} = 0,25 [E]$$

El tiempo total de ocupación t_T=4+5+2·3 = 15 minutos. Por lo tanto la fracción del tiempo de ocupación es t_{oc}= t_T/60 = 15/60 => t_{oc}=0,25.
El rendimiento horario es considerar 15 minutos ocupados sobre los 60 minutos observados lo que importa 25 %.

Podemos deducir que el tiempo de ocupación es independiente de si la llamada la origina el abonado de la línea en cuestión o si él es el destino de la misma.

También vemos en el ejemplo anterior que el tráfico y el tiempo de ocupación son numéricamente iguales, en este caso 0,25. Esto nos proporciona la regla general que dice: *el número de erlang que fluye por un órgano, representa la fracción de la hora pico que ese órgano está ocupado.*

Ejemplo II.2
Se observa una línea correspondiente a un telecentro durante la hora pico y se comprueba que permanece ocupada todo ese tiempo.
a.- encuentre el tráfico y el rendimiento horario.
b.- un alumno de 4º año afirma que él hizo la misma observación, de la misma línea y durante la hora pico de un día diferente al de a.- encontrando que cursaba un tráfico de 1,12 [E]. ¿Es posible? ¿Por qué?
a.- se tiene una comunicación de 60' durante una hora.=> A_T= 1· 60/60 = 1 [E]
b.- ahora la incógnita es t_m ya que c=1; A_T = 1,12 y T=60 ' => t_m =1,12 · 60/1 = 67,2
$[\frac{min}{llam \cdot hora}]$ lo que es imposible.

En los ejemplos 1 y 2 se trató el caso de un sola línea. También es posible calcular el tráfico cursado por varias líneas o por un grupo de órganos. Por definición el tráfico es la suma de los tiempos que los órganos están ocupados.

Ejemplo II.3
En un grupo de varias líneas (u órganos) la hora pico y durante períodos de 15 minutos se observa el comportamiento de los mismos, encontrando ocupados 7, 10, 13 y 10 órganos en las 4

observaciones realizadas. Calcule el tráfico cursado y el número medio de comunicaciones desarrolladas.

$t_m=15'$; c=40; El tráfico cursado A_T es según(4) $A_T=(7+10+13+10) \cdot 15/60 = 10$ [E]
La cantidad media de comunicaciones es $I_m= \frac{1}{4}(7+10+13+10)=10$[comunic/obs].

Ejemplo II.4

En un grupo de órganos se han verificado 180 comunicaciones en la hora pico y se calculó que el tiempo medio de ocupación es de 3 minutos/llamada. Encontrar:

a.- el tráfico cursado.

b.- el número medio de comunicaciones desarrolladas.

El tráfico cursado es $A_T=180 \cdot 3/60 = 9$ [E]
La cantidad media de comunicaciones desarrolladas es $I_m = 180 \cdot 3/60 = 9$ [comunicaciones/observación].

Ejemplo II.5

De un grupo de **n** líneas se mide un tráfico de 3 [E]. Luego se duplica la cantidad de líneas, pero el tráfico sigue constante en 3 [E]. Calcular el aporte de cada línea en cada caso.

Decir A = 3 [E] significa que durante el período de observación, de un total de **n** líneas, 3 de ellas están ocupadas todo ese período. El aporte de cada línea es **α= A/n** [E/línea]. Si se duplica la cantidad de líneas a **2n**, manteniéndose el valor del tráfico en 3 [E] lo que disminuye es **α** que también se denomina tiempo medio de ocupación y su valor numérico representa la probabilidad de ocupación de esa línea.

Otra igualdad, entre el número de erlang y el número medio de comunicaciones desarrolladas. Está claro que así como en el problema 2-II una línea NO puede cursar más de 1 [E] un grupo de N líneas NO puede cursar más de N [E].

8. Probabilidad de ocupación

En § 7 se estableció que el tiempo de ocupación es indistinto respecto a si la línea es origen o destino de la comunicación. Refiriéndonos a un solo órgano, como el caso del ejemplo II.1 donde la línea durante la hora pico estaba ocupada 15 minutos, (equivalente a una fracción de 0,25 de esa hora de observación), podemos decir, recurriendo a la teoría estadística, que la probabilidad de encontrar esa línea ocupada es de 0,25, ya que según las definiciones conocidas se tiene:

Evento	minutos de ocupación de una línea
Casos favorables:	15 minutos
Casos totales:	60 minutos
Probabilidad de ocurrencia:	**p**= 15/60 = 0,25 [4]

También podemos decir que si p = ¼ significa que el abonado de esa línea hablará en promedio 15 minutos por hora. Decir que p=0,25 es decir que la probabilidad de encontrar esa línea ocupada es de un 25 %. Es importante resaltar que al tratar con p, no especificamos cuántas comunicaciones se cursaron. Podrán ser varias o tan solo una, no importa.

Aquí comienza la aplicación de las probabilidades y el uso las herramientas matemáticas estadísticas, para el dimensionamiento de las centrales y de los equipos de telefonía. La dificultad a resolver ahora ya no es la de medir el tráfico cursado o dimensionar su unidad de medida. Se trata de establecer un método formal para calcular cuántas líneas (órganos) se necesitarán para

---

4.   Una nueva coincidencia numérica. O sea que tráfico, rendimiento, número medio de comunicaciones y ahora *probabilidad de ocupación*, son cuatro aspectos de un mismo fenómeno que están determinados cuantitativamente por un mismo número.

atender la demanda de un determinado número de abonados con un tráfico también conocido. Ya se discutió en § 5 que sería un despropósito dimensionar la central para la cantidad media de líneas ocupadas *n* media.

¿Sería también desfavorable dimensionar con tantos órganos como abonados haya en la central? Desde luego que sí, ya que si por ejemplo suponemos una central de 100 abonados, en el "mejor" de los casos si todos hablaran al mismo tiempo, sería suficiente con 50 órganos para atender esa demanda. ¿Por qué?

También intuimos que es casi imposible que todos quieran hablar al mismo tiempo y que si bien una llamada puede originarse en cualquier instante, la duración de la misma raramente llegue a abarcar toda la hora de observación. También podemos agregar intuitivamente que estando ocupada cierta cantidad de líneas al mismo tiempo, la posibilidad de que un nuevo abonado intente una llamada, será menor cuanto más grande sea la cantidad de los que ya lo están haciendo. Por eso, al decir "casi imposible" "raramente", "la posibilidad de", estamos directamente involucrando a las probabilidades, base para la teoría del tráfico telefónico.

Se puede determinar el valor de **p**, es decir de la probabilidad de que cierto abonado esté hablando, si se observa cuánto tiempo del total observado, está ocupado. También nos interesa saber cuál es la probabilidad de que algún abonado intente una comunicación mientras otros ya estén hablando. Eso se calculará en el próximo apartado.

8.1. Fórmula de Bernoulli

Sea un sistema compuesto por 5 líneas de abonado (n=5) a quienes denominaremos "A"; "B"; "C"; "D"; "E". Queremos saber *"qué tan probable es que de estas 5 líneas, 3 de ellas estén ocupadas simultáneamente"*, sabiendo que cada una de las líneas tiene la misma probabilidad de ocupación **p**.

La probabilidad de que tres abonados determinados (por ejemplo "A"; "B"; "C") estén ocupados simultáneamente es $p \cdot p \cdot p = p^3$ ya que todos son igualmente probables. Pero este dato no dice nada acerca de los abonados restantes ("D"; "E").

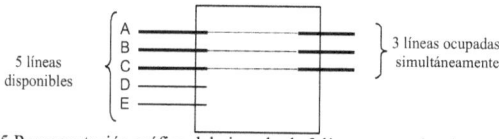

Figura II.5 Representación gráfica del ejemplo de 3 líneas ocupadas de un grupo de 5

Sin embargo sabemos que la probabilidad de que un abonado NO esté ocupado es **q = 1-p**. Como antes, la probabilidad de que dos abonados no estén ocupados es q^2, ó $(1-p)^2$. La probabilidad compuesta de nuestro ejemplo, de que tres abonados determinados estén simultáneamente ocupados y los otros dos no lo estén es:

$$p^3 \cdot (1-p)^2 \tag{5}$$

La (5) nos da la probabilidad de que 3 abonados específicos estén hablando al mismo tiempo que los otros dos estén desocupados. Pero nos interesa determinar la probabilidad de que 3 líneas cualesquiera de un total de 5 disponibles estén ocupadas simultáneamente y dos cualquiera no lo estén en ese mismo momento, y la llamaremos **p₃**. La expresión del análisis combinatorio $\binom{5}{3}$ da las diferentes posibilidades de seleccionar 3 de entre 5. Entonces:

$$p_3 = \binom{5}{3} \, p^3 \cdot (1\text{-}p)^2$$

Estas deducciones son válidas para cualquier cantidad de líneas, de modo que para generalizar, llamemos **n** al total de líneas (en lugar de 5) y designemos con **x** *"a la cantidad de líneas cualquiera (en lugar de 3), de un grupo de n, que están simultáneamente ocupadas, mientras el resto no lo está"*. Entonces será p_x y tendrá la forma:

$$p_x = \binom{n}{x} \, p^x \cdot (1\text{-}p)^{n\text{-}x} \tag{6}$$

Esta ecuación es conocida como fórmula de Bernoulli, ya que responde a la distribución binomial. Se trata de una variable discreta. Si bien se pueden presentar diferentes situaciones alrededor de esta expresión, nuestro interés se centrará en la probabilidad de que **x** o menos líneas (a lo sumo x) estén ocupadas, simultáneamente, esto es:

$$\text{prob \{estén ocupadas a lo sumo } \textbf{x} \text{ líneas\}} = \sum_{i=0}^{x} p_n(i) \tag{7}$$

Para el ejemplo de §8.1. se tiene que la probabilidad de que tres o menos líneas estén simultáneamente ocupadas, es la suma de las probabilidades individuales para x=0, x=1, x=2, x=3, o sea que $p(x<=3)=p_0+p_1+p_2+p_3$.
Otro caso de interés es que más de **x** líneas estén ocupadas al mismo tiempo:

$$\text{prob \{estén ocupadas más de } \textbf{x} \text{ líneas\}} = \sum_{i=x+1}^{n} p_n(i) \tag{8}$$

Para el ejemplo de 8.1. la probabilidad de que más de x líneas estén ocupadas es la suma de las probabilidades individuales para x=4, x=5, o sea que $p(x>3)= p_4+p_5$

Ejemplo II.6
Graficar las funciones de distribución P(x) y la función densidad p(x), para n=5; x=3; p=0,025, (1,5 minutos por hora). Comentar los resultados encontrados.

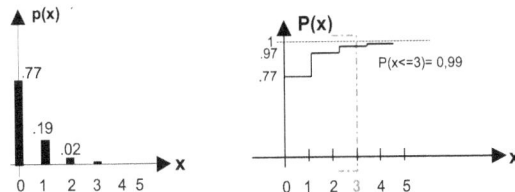

Figura II.6 Función densidad p(x) y de Distribución P(x)

Se puede ver que la mayor probabilidad es la de no encontrar líneas ocupadas p(x=0). Es notable también ver la manera abrupta que desciende la p(x) a medida que x crece. Esto comienza a advertirnos que tampoco será necesario tener órganos disponibles para el 50% de n, sino muchísimo menos.

En realidad, los casos prácticos en telefonía son para n>>5 tal como n=1000 en cuyo caso el cálculo es prohibitivo. Por eso se recurre a la aproximación de DeMoivre-Laplace5 en la que

---

5. La aproximación es $p_x \cong \dfrac{1}{\sqrt{2\pi npq}} \cdot e^{-(x-np)^2/2npq}$ si $n \cdot p \cdot q \gg 1$

se evitan los engorrosos números combinatorios. De cualquier manera esta expresión no es útil aun. Lo que sí resulta útil es saber que, como la probabilidad de ocupación **p** establece el tiempo promedio durante el cual una línea se encuentra ocupada, (respecto al tiempo de observación), recordando la regla general dada en §7, podemos inferir que **p** es la medida de la magnitud de tráfico de un abonado específico.

8.2. Fórmula de Poisson

Está claro que el tráfico cursado por una línea es A_T = **p**. Si todas las **n** líneas de un grupo tienen la misma probabilidad de ocupación, la intensidad de tráfico que generan esas **n** líneas (o abonados) será **A** =**n·p**. El valor numérico de **A** indica cuántas líneas, en promedio, están simultáneamente ocupadas; o cuántos abonados, en promedio, están ocupados.

Se puede suponer que el producto **n·p** es constante, que el número **n** es bastante grande y que **p** es generalmente muy pequeña. Esta suposición es suficientemente correcta en muchos casos de tráfico. Es más, si **n** crece, **p** disminuye, de modo que el producto **n·p** tiende a permanecer constante. Por eso, introducimos **p**=**A**/**n** en la fórmula (6) de Bernoulli, y mediante un proceso de límite para **n** → ∞ y **p** → 0 se obtiene:

$$p_x = e^{-A} \frac{A^x}{x!} \tag{9}$$

Esta es la fórmula de Poisson, que permite calcular la probabilidad p_x con la que **x** líneas estarán ocupadas (o **x** abonados estarán hablando simultáneamente), conocida la intensidad de tráfico **A**. La distribución de Poisson es muy parecida a la de Bernoulli, y en donde también se cumplen las ecuaciones (7) y (8). Muy a nuestro pesar, este modelo no representa exactamente las situaciones reales del tráfico telefónico, ya que en esta suposición **x** es un número determinado y finito de líneas de un conjunto de infinitas líneas destino, lo que no coincide con la realidad.

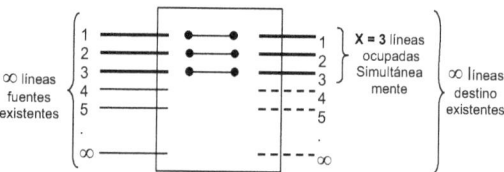

Figura II.7 Interpretación gráfica de la Fórmula de Poisson

Pero antes de pasar al caso de situaciones reales aplicando las fórmulas propuestas, una por Molina y otra por Erlang, es necesario saber de qué manera se genera el tráfico, qué tratamiento se le da y comprender el importante significado de pérdida.

9. Generación de tráfico

Como consecuencia de que algún abonado intente establecer una comunicación, se generan ciertos sucesos de los que derivan diferentes tipos de tráfico, los que a continuación se analizan. Con referencia a la figura II.8, el tráfico se genera en fuentes que mediante líneas (troncales) de entrada se **ofrece** al equipo de conmutación Todos los tráficos señalados en la figura II.8 deben estar expresados en [E] con el fin de tener homogeneidad con las unidades.

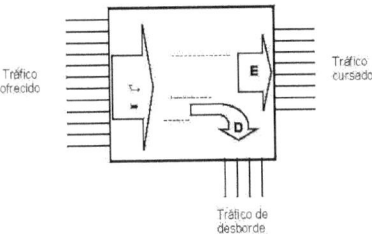

Figura II.8 Representación de generación de tráfico

Éste aceptará total o parcialmente dicho tráfico, pasándolo a las líneas (troncales) de salida (o de servicio). Al decir parcialmente, nos referimos a qué parte del tráfico que no es procesado por el equipo debido a, por ejemplo, insuficiencia de líneas de salida. Lo denominaremos tráfico de **desborde**, y supondremos por ahora, que fluye hacia otros equipos que lo procesan completamente.

Está claro que el tráfico ofrecido **A** deberá ser igual a la suma del tráfico cursado **E**, más el tráfico de desborde **D**. Esto es:

$$A = E + D \tag{10}$$

Se había mencionado que el tráfico de desborde "fluía" hacia otros equipos. El tratamiento de este desborde es tan importante que da lugar a tres clases de sistemas de cálculo:

- **Retención de llamada**: es cuando se supone que el abonado que intenta iniciar una comunicación, y encuentra que no hay órganos libres, inmediatamente marca de nuevo y al continuar la situación de indisponibilidad, vuelve a marcar y así sucesivamente hasta conseguir órganos libres para cursar la comunicación. Es decir que la llamada permanece en la línea de entrada ocupando órganos y por lo tanto generando tráfico ofrecido **A**. Es como lo que ya se señaló en § 4.1. referente al tiempo de ocupación en las tentativas de llamadas. Bajo esta suposición se propuso para el cálculo la fórmula de Molina, y es la que se utiliza en EEUU y en Japón.

- **Liberación de la llamada o <u>sistema de pérdida</u>**: en este caso, llamada que no pueda cursarse desaparece de las líneas fuente, y se la considera perdida. De ahí el nombre de pérdida. Se supone que el abonado que intentó llamar, al escuchar tono de congestión (ése es el término apropiado para esta situación) o algún mensaje grabado, esperará unos instantes y recién intentará una nueva llamada. Este sistema se utiliza en Europa y en nuestro país y se recurre a la fórmula **B** propuesta por A. K. Erlang.

- **Demora de llamada**: aquí, llamada que no puede cursarse, entra de forma automática en una "cola de espera". Es similar a lo que sucede cuando una operadora atiende una llamada, o el caso de una PABX o en las modernas centrales controladas por programa almacenado (CPA). Se dará mayores detalles en § 13.

10. Pérdida

Se denomina pérdida **B** al cociente entre la cantidad de llamadas perdidas y la cantidad de llamadas ofrecidas:

$$B = \frac{cantidad \cdot de \cdot llamadas \cdot perdidas}{cantidad \cdot de \cdot llamadas \cdot ofrecidas} \qquad (11)$$

Pero según lo definido en (4) el tráfico ofrecido A es directamente proporcional a la cantidad de llamadas ofrecidas a través del cociente t_m/T. Lo mismo puede hacerse para el tráfico perdido y para el tráfico de desborde, de modo que B puede expresarse directamente en términos del tráfico de desborde D y del tráfico ofrecido A, ya que

$$A = c_A \cdot t_m/T \; ; \; D = c_D \cdot t_m/T \quad B = c_D/c_A \Rightarrow \quad B = \frac{D}{A} \qquad (12)$$

La expresión (11) tiene la forma de una probabilidad, ya que es el cociente entre casos favorables c_D sobre casos posibles c_A. Obviamente también lo es la (12). Por lo tanto podemos inferir que **B** es la probabilidad de **pérdida**. Esta expresión, fundamental para el dimensionamiento de la central también es llamada **grado de servicio**.

Decir que se ha diseñado un sistema de conmutación con un grado de servicio o grado de pérdida **B** = 0,002; es decir que el 0,2 % del tráfico ofrecido NO podrá cursarse. O que el 99,8% SI podrá. Por lo tanto **E = A (1 – B)**. Los valores más comunes para B, van de 1/100 a 1/1000.

Es frecuente que en (11) o (12) en lugar de referirse a las llamadas ofrecidas, se refieran a las llamadas que se completan (cursadas). En este caso se usa la letra **V** de modo que V=D/E. Se puede deducir fácilmente que:

$$V = \frac{B}{1-B} \quad \text{y que} \quad B = \frac{V}{1+V} \qquad (13)$$

La diferencia es mínima, ya que si B=0,02 $\Rightarrow$ V= 0,0204

11. Fórmula de Molina

La expresión de Poisson (9), permitía calcular la probabilidad de que **x** troncales fuentes de entre infinitas líneas, estén ocupadas simultáneamente, cuando el tráfico ofrecido valía **A** y cuando el número de troncales de servicio (líneas de salida) también era infinito. Dijimos no obstante que ésta no era una situación real. Pues bien, lo real es que la cantidad de troncales de servicio esté limitada a un número finito **N**. En estas condiciones, cada vez que **N** troncales de servicio estén ocupadas (y por consiguiente **N** troncales fuentes también) aparecerá una pérdida que denominaremos **M** (de Molina).

$$M = \sum_{i=N}^{\infty} e^{-A} \frac{A^i}{i!} \qquad (14)$$

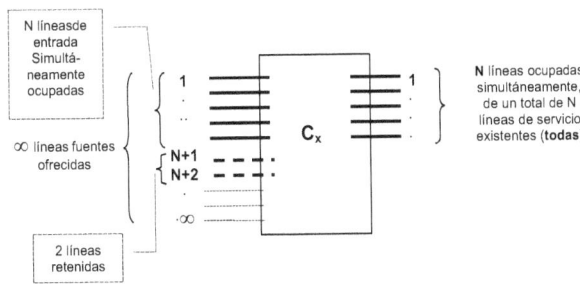

Figura II.9 Retención de llamada (fórmula de Molina)

La fórmula propuesta por Molina permite calcular **M**, calculando "qué tan probable es que en el grupo infinitamente grande de troncales fuente, estén ocupadas **N** o más de **N** troncales".

La (14) lleva necesariamente a la interpretación de que la línea que encuentre condición de bloqueo (las **N** salidas ocupadas) permanecerá en la troncal fuente hasta que se libere una línea de servicio (retención de la llamada), como el supuesto de la figura II.9. Este sistema, como ya se mencionó, es el adoptado en EE.UU. y en Japón.

12. Fórmula de Erlang

Erlang consideró el hecho de que toda llamada que no se concreta por la situación de bloqueo, desaparece y se convierte en llamada perdida. Su consideración fue convertir la exponencial e^{-A} como una serie, teniendo en cuenta que como A= cte si n→ ∞:

$$e^A = 1 + A + \frac{A^2}{2!} + \cdots + \frac{A^N}{N!}$$ y al sustituirla en la fórmula de Molina, resulta:

$$E_x = \frac{\dfrac{A^x}{x!}}{1 + A + \dfrac{A^2}{2!} + \cdots + \dfrac{A^N}{N!}} \qquad (15)$$

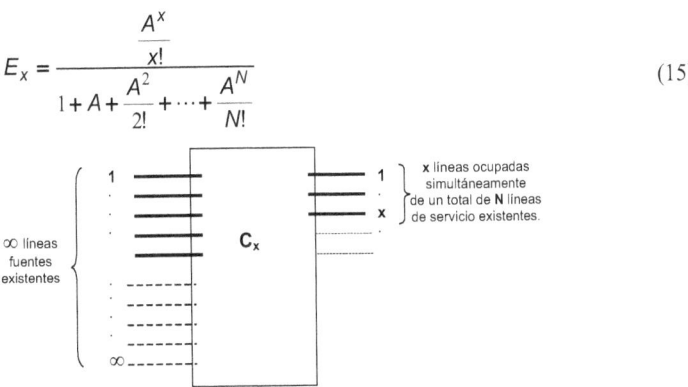

Figura II.10 sistema de pérdida. Fórmula **E** de Erlang

Pero en la (15), E_x es la "probabilidad de que **x** troncales de servicio, de un total de **N**, estén simultáneamente ocupadas". Figura II.10.

Como antes, habrá pérdida cuando las N troncales de salida estén ocupadas, Por lo tanto, haciendo x=N en la (15) se obtiene la formula B de Erlang que no es otra cosa que $E_{x=N}$. (sustituir x! por N! en el numerador).

$$B= \frac{\dfrac{A^N}{N!}}{1+ A+ \dfrac{A^2}{2!} +\cdots+ \dfrac{A^N}{N!}} \tag{16}$$

Esta última ecuación (16) se conoce como la fórmula de pérdida de Erlang (o fórmula B) y junto a la (4) constituyen la base de partida para resolver la mayoría de los problemas de dimensionamiento que se puedan plantear en redes de conmutación de circuitos que manejen tráfico telefónico. La figura II.11 es la representación gráfica de un sistema de pérdida donde es aplicable la fórmula **B**.

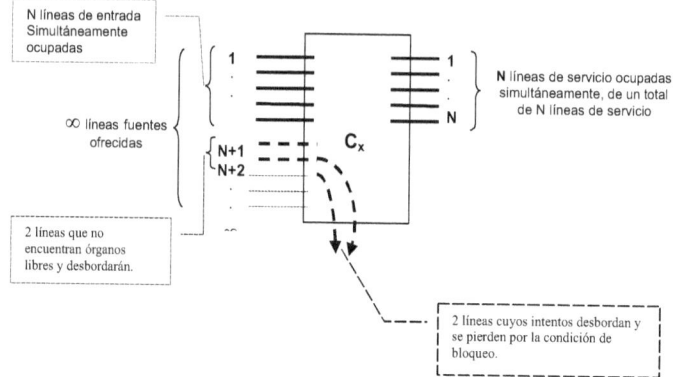

Figura II-11 Sistema de pérdida B

Ejemplo II.7

Una centralita privada dispone de 100 internos y se estimó que puede cursar hasta 4 [E] en la hora pico. Si solo se disponen de 10 órganos de servicio, hallar la pérdida B de la central y calcular qué porcentaje de intentos de llamadas se rechazan en la condición de bloqueo. Mencionar el grado de equipamiento y el grado de servicio, explicando el porqué del valor de B.

Es aplicar la (16) para A=4 y N=10 => $B= \dfrac{\dfrac{4^{10}}{10!}}{1+ 4+ \dfrac{4^2}{2!} +\cdots+ \dfrac{4^{10}}{10!}} = 1/200 = 0,005$

De este resultado se deduce que el 0,5 % de las llamadas que se intentan NO podrán efectuarse. Dicho de otra manera, uno de cada doscientos intentos se pierde.

El grado de equipamiento es del 10 %, (hay 10 órganos para 100 abonados) mientras que el grado de servicio es del 0,5% (pérdida B=0,005). La pérdida es mínima a pesar del bajo número de órganos disponibles, porque el tráfico es relativamente bajo.

El grado de servicio es un parámetro que cada administradora adopta en función de los objetivos de calidad fijados. Ya se hizo mención en § 11 que la pérdida está **entre 1/100 y 1/1000**, pero lo más común es la primera. Por lo tanto, estimando o midiendo el tráfico ofrecido A, se puede calcular el número de troncales de servicio N para la pérdida adoptada. Despejar N de la (16) no es inmediato, pero existe una gran variedad de software que calcula rápidamente, cualquiera sea la incógnita, dados los otros dos parámetros, (feliz sustitución de las "curvas de Erlang").

13. Sistemas de espera

Se mencionará brevemente los aspectos del tráfico en los sistemas de espera, que como ya se dijo, se basan en la suposición de que las llamadas que desbordan forman un nuevo grupo que esperarán ser atendidas por el conmutador. En la mayoría de los sistemas de colas para telecomunicaciones, los cálculos se basan en la suposición que los arrivos de llamadas son aleatorios y siguen una distribución poissoniana. Los parámetros que se dan al ingeniero son: el tráfico ofrecido, el tamaño de la cola y el grado de servicio. El objetivo está en determinar la cantidad de circuitos o troncales de servicio que se requieren para cursar el tráfico.

Se suele llamar *disciplina de cola* al método que se elige para procesar la cola de llamadas en espera; lo más común es procesar la que más ha esperado (colas FIFO); este método puede ser muy costoso debido al equipo adicional que se necesita para mantener el orden de la cola. Otro método es el de atención aleatoria, es decir que se seleccionan independientemente del tiempo que la llamada ha estado esperando.

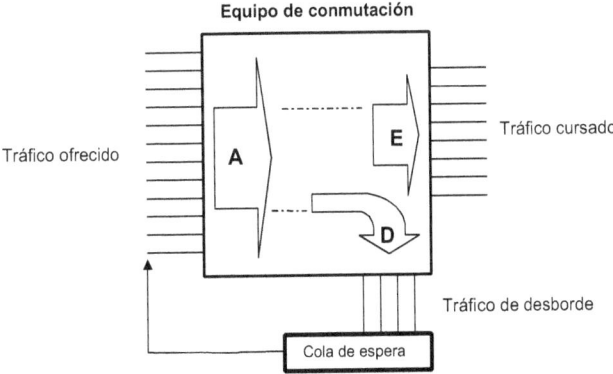

Figura II-12 (Representación de un sistema con cola de espera)

Otra disciplina es atender primero a la que llegó al último (cola LIFO). Finalmente existe una variante más en la que se dan prioridades con o sin preferencia.

En estos sistemas no es suficiente establecer un parámetro y dar valores a los otros dos, como en el ejemplo II.7. (B como parámetro). Generalmente se establecen tres parámetros:

- Probabilidad de retardo: $p(t>0)$, indica qué tan probable es que una llamada que se ofrece tenga que esperar porque no hay trayectorias libres. Es el cociente de c_A (llamadas ofrecidas) y c_W (llamadas en espera).
- Retardo promedio t_W indica el tiempo que debe esperar cada llamada.
- Probabilidad $P(>t)$ de que se exceda un cierto retardo t.

Todas estas disciplinas que constituyen verdaderos tratados estadísticos, exceden los alcances de este libro.

Referencias Bibliográficas

COOPER G. R. & MCGILLEM C. D. *Probabilistic Methods of Signal and System Análisis.* Cap 1 y 2 Ed. Holt, Renehart & Winston Inc. 1971.

ERICSSON, L.M. *Telefonía Básica.* Cap 1A- Ed. CAT. 1988.

ESCUELA SUPERIOR TÉCNICA. Curso de Post Grado ENTel. *Introducción a los Sistemas de Conmutación*. Ed ENTel. 1987.

FREEMAN R. L. -"Ingeniería de Sistemas de Telecomunicaciones" Cap. 9 - Ed. Limusa. 1993.

HUIDOBRO MOYA J. M. Y CONESA PASTOR R. *Sistemas de Telefonía*. Cap.1 y 2 Ed. Paraninfo. 1999.

IEC División capacitación ENTel. *Tráfico y Proyectos*. Ed ENTel. 1987.

PÉREZ, E. H. *Fundamentos de Ingeniería Telefónica*. Cap. 10 - Ed Limusa. 1999.

-III-
EL DB

1. Origen

Ante la necesidad de definir una unidad que permitiera tener una idea de la reducción de la potencia que sufría una señal de voz luego de "pasar" por una línea de determinadas características, y frente la proliferación de sistemas de unidades, que decían medir la atenuación, se decidió luego de varios intentos y propuestas, originadas tanto en EE.UU. como, Inglaterra, Alemania, Francia e Italia, adoptar como medida universal el denominado deciBell o simplemente dB, en homenaje al supuesto inventor A. G. Bell (ver Cap I y apéndice A).

Se realizó un ensayo que consistió en inyectar una señal de frecuencia determinada (886 Hz) y de potencia P_1 a la entrada de un cable calibre 19 de 1 milla de longitud, que pasó a llamarse cable patrón. Se midió la potencia de salida P_2 y al realizar la relación de potencias entrada - salida se encontró el valor 1,26, figura III.1

$$\frac{P_1}{P_2} = 1,26$$

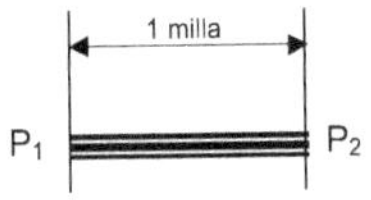

Figura III.1 Cable patrón y relación entrada/salida

Así simplemente, de esta relación no se reconoce nada que induzca a pensar en una unidad de medida, sin embargo "alguien" advirtió que:

$$1,26 = 10^{\frac{1}{10}}$$ ¡¿Unidad de atenuación?!

Vemos que en el exponente está presente un "1" en la forma 1/10, un **déci**mo. En busca de una **unidad** de medida de la atenuación, podríamos aprovechar esta situación y definir ese numerador como tal, ya que se trata de un "1" y llamarle por ejemplo, y por ahora, "Unidad de Transmisión", abreviado: **UT**. De hecho, originalmente se la llamó de esa manera. En §2 comprobaremos que si son dos tramos se obtiene una atenuación de 2 UT y en general si son n tramos resultan n UT. Posteriormente se le llamó Bell, y por rigor matemático del exponente, deciBell abreviado **dB**.

Entonces, 1 dB indica que la relación entre dos potencias $P_1/P_2 = 1,26 = 10^{1/10}$. "Siempre se tendrá 1 [dB] cuando al enviar una determinada señal, las potencias medidas en dos puntos distintos del mismo circuito mantengan una relación de 1,26, o cuando fueran medidas en un mismo punto en dos instantes diferentes, o cuando sean medidas en puntos de distintos circuitos".

2. Definición y fórmula

Supongamos tener ahora tres tramos de una milla de largo cada uno, del cable patrón. Se inyecta una potencia P_1 a la entrada y se va midiendo en cada final de tramo y en la salida, las correspondientes potencias, como se muestra en la figura III.2.

Figura III.2 Tres tramos de cable patrón

La relación entre las potencias de entrada y salida será:

$$\frac{P_1}{P_4} = \frac{P_1}{P_2} \cdot \frac{P_2}{P_3} \cdot \frac{P_3}{P_4} \text{ pero como}$$

$$\frac{P_1}{P_2} = \frac{P_2}{P_3} = \frac{P_3}{P_4} = 10^{\frac{1}{10}} \text{ resulta } \frac{P_1}{P_4} = 10^{\frac{1}{10}} \cdot 10^{\frac{1}{10}} \cdot 10^{\frac{1}{10}} = 10^{\frac{3}{10}}$$

3 [dB]

ATENUACION de 1 tramo   ATENUACION de 3 tramos

Se advierte, ahora sí, que la atenuación producida por los tres tramos coincide con el numerador del exponente de la relación P_1/P_4. Si los tramos fueran más, digamos k la atenuación sería de k [dB]. Para generalizar, supongamos tener:

$$\frac{P_1}{P_2} = 10^{\frac{N}{10}}$$

por lo visto anteriormente deducimos que la relación de potencias expresadas en [dB] es N. Solo queda entonces despejar el valor de N:

$$N = 10 \log \frac{P_1}{P_2} [dB] \tag{1}$$

Es esta la expresión final que define la unidad de medida de la atenuación y permite calcularla numéricamente en dB.

Ejemplo III.1 Las energías medidas a una misma distancia d [m] de una antena omnidireccional y de otra direccional son las mismas. La primera emite con una potencia P_1 y la direccional con una potencia P_2. Calcular la relación de potencias en dB. Los valores se dan en la figura III.3.

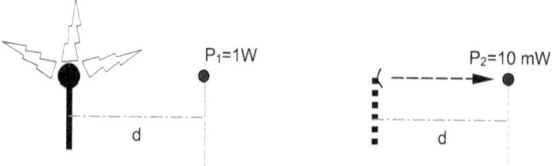

Figura 3-III Relación de potencias de dos antenas

Es similar al tercer caso expresado en §1: dos potencias medidas en dos puntos diferentes, y en instantes distintos, se calcula como:

N[dB]=10 log (P_1/P_2) = 10 log (1000/10) = 10 log 100 = 10·2 = 20 [dB]

Este valor se suele llamar "ganancia" porque para lograr la misma energía se necesita mucho menos potencia. La elección del término es desafortunada porque en realidad no hay amplificación, pero es como si amplificara, aunque así se mal acostumbró a decir.

3. Ganancia y pérdida

Es importante que las dos potencias se expresen en la misma unidad para que el resultado sea correcto. Realizado el cálculo el signo del resultado indica cual de las dos potencias es la mayor. Así, si el signo es positivo implica que $P_1 > P_2$ y si el signo es negativo $P_1 < P_2$. Sin embargo en comunicaciones se acostumbra a medir la relación entre la <u>salida vs. la entrada</u> de modo que el signo determina que es "Ganancia" o "pérdida" según sea positivo o negativo respectivamente.

$$\mathbf{N} \text{ [dB]} = 10 \log (P_{sal}/P_{ent})$$
$$\text{si N [dB]} < 0 ? \quad \mathbf{L} \text{ ; si N [dB]} > 0 ? \quad \mathbf{G}$$

(G de Gain y L de Loss)

Es costumbre utilizar la letra N para identificar niveles de potencia expresados en dBm como se verá en §4, y de ahí que se hace extensivo tambien a relaciones de potencia.

Si la ganancia (o pérdida) no se expresara en dB sino en [veces], la ganancia (o pérdida) total de una cascada de amplificadores (o atenuadores) sería el producto de los valores individuales, pero al expresarse en dB, es simplemente la suma de esos valores. El ejemplo III.2 aclara.

Ejemplo III.2. Encuentre la ganancia total del circuito de la figura III.4 para a) bloque 2 G2=100 y b) para bloque 2 L=10^{-2}

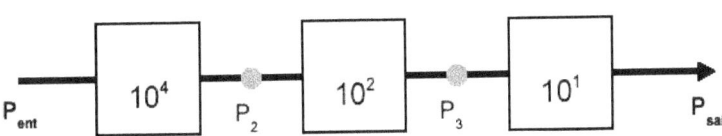

Figura III.4 La G_T es la suma de las ganancias individuales

a) $P_{sal}/P_{ent} = G_T = G_1 \, G_2 \, G_3 = 10^7$ [veces] = 70 dB

Si se expresaran las ganancias en dB esto es G_1=40 G_2=20 G_3=10 la

G_T.[dB] = $G_1 + G_2 + G_3$ = 70 [dB].

b) $P_{sal}/P_{ent} = G_T = G_1 \, L_2 \, G_3 = 10^3$ [veces] = 30 dB

en dB esto es G_1=40 G_2=-20 G_3=10 la G_T.[dB] = $G_1 + \mathbf{L_2} + G_3$ = 30 [dB].

Puede verse en el ejemplo anterior que la nomenclatura y su interpretación resultan confusas, si se usa el concepto de pérdida y la convención del signo simultáneamente. Como una pérdida de 3dB se escribe L= 3dB sería ambiguo escribir pérdida L= -3 dB. Por esta razón se recomienda la interpretación del signo como razón de ganancia (+) o pérdida (-) evitando el uso de la letra L. Así, una pérdida de 3dB se escribiría sencillamente **G=-3dB**.

Si se conoce la cantidad de dB, la relación de potencias se encuentra mediante la operación matemática inversa.

Ejemplo III.3. Aplicando la (1)
Si $P_1/P_2 = 3$ dB entonces $P_1 = 2P_2$ ya que $3/10= \log P_1/P_2$? $P_1/P_2= 10^{0,3}=2$
Si L= -3,98 [dB] entonces $P_{sal}/P_{ent} = 10^{-0,398} = 0,4 = 1/2,5$ [veces]

Ejemplo III.4 Cierta especificación de un canal de telefonía establece que las pérdidas medidas a cualquier frecuencia dentro de la banda debe estar entre $G_1=-1$ dB y $G_2=+2,5$ dB respecto a la medición de prueba realizada a 1.825 Hz la que arrojó M= 9 dB. Encuentre esos límites.

$$N_{inf}= M+G_1 \; ; N_{sup} = M+G_2$$
$$N_{inf}= 9 - 1 = 8 \text{ dB} \; ; N_{sup} = 9 + 2,5 = 11,5 \text{ dB}$$

El uso frecuente del dB facilita los cálculos (a menudo mentales) puesto que solo se trata de sumas y restas, a la vez que permite memorizar cantidades particulares cuya aplicación es permanente. Por ejemplo:

potencias iguales	0 dB
el doble de potencia es	3 dB
cuatro veces es	6 dB
ocho veces es	9 dB
diez veces es	10 dB
mil veces es	30 dB
la mitad de potencia es	–3 dB

4. El dBm

En comunicaciones telefónicas y de radio, las potencias involucradas están en el orden de los mW (10^{-3} Watts) por lo que resultaría útil poder expresar esa potencias en unidades logarítmicas (idem al dB) para facilitar los cálculos. El dBm salva esa situación con la siguiente definición:

$$N[dBm]=10\log \frac{P_x[mW]}{1\cdot mW} \qquad (2)$$

Es la relación de una potencia referida a un mW por lo que su valor no expresa una ganancia sino un nivel de potencia medido en mW. Por ejemplo decir que en un punto se tiene h [dBm] equivale a conocer que en ese punto hay un nivel de potencia de $10^{0,1h}$ [mW]

Ejemplo III.5 Un amplificador intercalado en un circuito telefónico tiene una señal a la entrada de 10mW siendo su salida 20mW. Expresar ambas potencias en dBm. Cuánto será la ganancia?
Aplicando la (2) $N_{ent}= 10 \log(10mW/1mW) = 10$ dBm.
Análogamente $N_{sal}= 10 \log(20mW/1mW) = 13$ dBm Vemos que como se ha duplicado la potencia el nivel se incrementa (Ganancia) en 3 unidades como era de esperar.

Al ser el dBm una unidad de potencia tiene, obviamente, su equivalencia con aquellas unidades. Más aún, en comunicaciones se ha tomado como valor de referencia 1 mW o su equivalente 0 dBm.

N dBm	-20	-6	-3	0	3	6	20
P[mW]	0,01	0,25	0,5	1	2	4	100

Tabla III.T1 Niveles de potencia en dBm y valor de referencia

También, cuando las señales son muy pequeñas se usa otra unidad: el $pW1=10^{-9}$ [mW] por lo que el equivalente se da en tabla T2-III.

P [pW]	1	10	100	1.000	10.000
N [dBm]	-90	-80	-70	-60	-50

Tabla III.T2 Potencia en pW y equivalente en dBm

Ejemplo III.6 Cierta recomendación de la UIT aconseja que la máxima potencia de ruido que puede aportar el modem de canal es de 200 pW. Haciendo uso de la tabla T2-III calcule el nivel en dBm.
Como 100 pW equivalen a -70 dBm y se pide de 200 pW, el doble de potencia, entonces el nivel aumentará en 3 dBm o sea – 67 dBm. (-70+3)

Valga el comentario de que el nivel de referencia para potencias de ruido es el pW = - 90dBm y no el mW.

5. Una relación interesante

Supongamos tener un atenuador cuyos niveles de potencia a la entrada y a la salida son 8 dBm y 2 dBm respectivamente. Nos interesa saber la pérdida del mismo expresada en dB. Para ello hemos de expresar los niveles en [mW] haciendo $P= 10^{0,1N}$. Por eso resulta:

$$P_{in}= 10^{0.8} = 6,31 \text{ y } P_{out}= 10^{0.2} = 1,58$$
$$L= 10 \log(P_{in}/ P_{out})= 10 \log(6,31/1,58)=10\log(3,99)= 6 \text{ [dB]}$$

Pero si se observa con atención la diferencia entre niveles tiene el mismo valor numérico que la pérdida, esto es

$$L = N_{in} \text{ [dBm]} – N_{out} \text{ [dBm]} = 8\text{[dBm]} – 2\text{[dBm]} = 6\text{[dB]} \tag{3}$$

Este valor tiene la dimensión de una ganancia [dB] lo que no debe sorprender ya que aplicando la (1) y dividiendo ambas potencias por 1 mW se tiene:

$$G \left[dB\right] = 10 \log \frac{\dfrac{P_1}{1\,mW}}{\dfrac{P_2}{1\,mW}} = 10 \log \frac{P_1}{1\,mW} - 10 \log \frac{P_2}{1\,mW}$$

O sea que si los niveles de dos puntos de un circuito están dados en dBm, una suma algebraica nos permitirá calcular la pérdida o ganancia entre esos puntos, y quedar automáticamente expresada en dB.

Ejemplo III.7 Calcular la relación señal a ruido de un canal telefónico a través de una medición donde la señal de prueba en un punto del mismo es de $N_S=-30$ dBm y el ruido medido en el mismo punto es de $N_N=-85$ dBm.

$$S/N \text{ [dB]} = N_S – N_N = -30 \text{ dBm} – (-85 \text{ dBm}) = 55 \text{ [dB]}$$

Si hacemos el cálculo dado por la (1) sería: $P_S=10^{-3} = 0,001$ mW

$P_N=10^{-8,5} = 3 \cdot 10^{-9}$ mW -> $S/N= 10 \log (10^{-3}/3 \cdot 10^{-9}) = 55$ **[dB]** Queda más que evidente que la diferencia de niveles en [dBm] resulta en una relacion en [dB]

---

1. $1 \text{ pW} = 10^{-12} \text{ W}$

6. El dBu

Vimos que en telefonía la referencia en niveles de potencia es el mW. Nos gustaría poder hacer relaciones de voltaje y expresarlos en forma logarítmica como el dB y calibrar un voltímetro en esa magnitud. En este caso el valor de referencia es 0,775 [V] que es la tensión que aplicada a una impedancia de 600 [**Ohm**] genera 1mW [2]:

$$P = \frac{U^2}{z} \Rightarrow U = \sqrt{1 \cdot 10^{-3} \cdot 600} = 0,775 [Volt]$$

Entonces definimos

$$N[dBu] = 20\log\frac{U_1}{0,775} \tag{4}$$

Notar el factor 20 debido al exponente de la tensión y en la tabla T3-III que a doble de tensión el aumento es de 6 dBu.

N [dBu]	-12	-6	0	6	12
U[V]	0,194	0,387	0,775	1,55	3,10

Tabla III.T3 Tensión en mV y su equivalente en dBu

Se puede relacionar el dBu con el dBm dado que ambos son medidas relativas, son niveles.

Ejemplo III.8 Encontrar la relación entre dBu y dBm. Como $1mW = (0,775)^2[V]/600[Ohm]$

$$N[dBm] = 10\log\frac{\frac{U_1^2}{z_1}}{\frac{0,775}{600}} = 20\log\frac{U_1}{0,775} + 10\log\frac{600}{z_1} \quad \text{Factor de corrección}$$

$$N[dBm] = N[dBu] + 10\log\frac{600}{z_1} \tag{5}$$

Ejemplo III.9 Calcular el factor de corrección, la tensión en [dBu], la potencia en cada uno de los puntos del esquema que sigue:

$$F_c = 10\log(600/z_n).$$

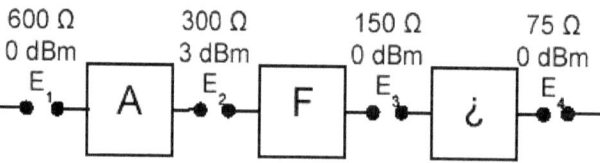

$N[dBu] = N[dBm] - F_c$
$N_1[dBu] = 0 [dBm] - 10\log(600/600) = 0 [dBu] = \qquad 0,775 [V]$
$N_2[dBu] = 3 [dBm] - 10\log(600/300) = 0 [dBu] = \qquad 0,775 [V]$
$N_3[dBu] = 0 [dBm] - 10\log(600/150) = -6 [dBu] = \qquad 0,387 [V]$
$N_4[dBu] = 0 [dBm] - 10\log(600/75) = -9 [dBu] = \qquad 0,275 [V]$
$P_1 = P_3 = P_4 = 1 \text{ mW y } P_2 = 2mW$

---

2. Los valores de referencia en TELEFONÍA son: IMPEDANCIA: **600 [Ohm]**; POTENCIA: **[mW]**; TENSIÓN **0,775 [V]**

7. Medición de señales

Los circuitos telefónicos están diseñados para que las ganancias y las pérdidas de los diferentes elementos sean fijas. Para detectar fallas en el funcionamiento de éstos se envía una señal de prueba en el origen del mismo de valor 0 dBm. Midiendo en varios puntos se verifica que la potencia, en dBm, sea la especificada. Para medir potencias hay varias métodos que dependerán de las potencias y frecuencias involucradas. En el caso de bajas frecuencias y bajas potencias, el instrumento más versátil y práctico es el voltímetro. Por lo tanto si el voltímetro tiene una escala calibrada en dBu y se conoce el valor de la impedancia en dicho punto, se podrá, razón mediante, conocer el valor de la potencia en dBm.

> **Ejemplo III.10** Un filtro de canal, pasa bajo, de ancho de banda 3.100 Hz debe presentar como máximo una atenuación de un factor de 0,5 a la frecuencia de prueba de 1.825 KHz según las especificaciones. Las impedancias a la entrada y a la salida se muestran en la figura que sigue. Comprobar si las mediciones efectuadas con un voltímetro muestran que el filtro cumple las especificaciones.
>
> Aplicando la (5) para calcular el nivel N_{ent}
> $N_{ent} = -4,57 + 10 \log (600/150) = 1,43$ dBm
> $N_{sal} = -0,57 + 10 \log (600/600) = -0,57$ dBm
> y según la (3): $G = N_{sal} - N_{ent} = -0,57$ dBm $- 1,43$ dBm $= -2$ dB. Valor que es **mejor** que los -3 dB especificados.
>
> Fig ejemplo III.10

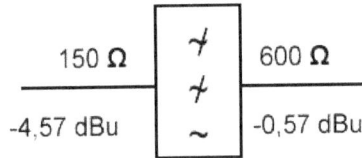

8. dBr

Sería muy importante disponer de una forma que permita especificar el nivel de señal en todos los puntos del circuito de *tal manera que se mantengan constantes, aún cuando la señal de entrada varíe.* Esto se consigue mediante una unidad como el **dBr**, donde el subíndice "**r**" significa relativo o referencia.

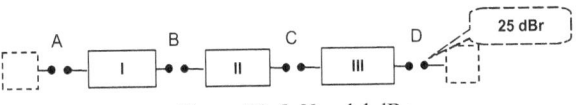

Figura III. 5. Uso del dBr

Sea A nuestro punto de referencia. Si en D se indica un nivel de 25 dBr quiere decir que la señal medida en ese punto está 25 dB por encima del nivel N_A sin importar el valor absoluto de la señal en A ni las ganancia o pérdidas de los bloques I, II y III. De las infinitas posibilidades que existen elijamos como ejemplo, I=20 dB; II=-8dB; III=13dB. Observe que la suma algebraica de las G y L de los bloques es 20-8+13=25.

Como segundo ejemplo si I = –10 dB y II = 30dB deberá ser III = 5dB, ya que –10+30+5 = 25. Entonces podemos decir que el valor de referencia en dBr es la suma de las G o L de cada bloque.

Supongamos ahora que la potencia en A es P_A= 400 mW, que equivalen a 26 dBm entonces en D deberíamos medir $N_D=N_{ref}+dBr$ o sea: N_D = 26 dBm + 25 **dBr** = 51 **dBm**. Entonces, generalizando:

$$N_X[dBm] = N_{in}\ [dBm] + N_{ref}\ [dBr]$$

En la práctica el fabricante NO suministra las ganancias de cada etapa si no que en realidad, se especifican los **dBr** en la salida del circuito o en cada punto de prueba. Para el primer ejemplo, las referencias en los puntos intermedios serían N_B=20 dBr y N_C=12 dBr (20-8). Vemos que esos niveles existen aunque no se haya especificado la potencia de entrada.

Si duplicaramos la potencia P_A los dBr en cada punto no variarían; el ejemplo III.10 aclara este concepto.

Ejemplo III.11 Sea el circuito de la figura siguiente, calcular los niveles en dBr y en dBm, tanto a la entrada como a la salida para los casos a) y b). El punto de referencia es la entrada, o sea $P_{ref}= P_{in}$. Comparar ambos resultados y explicar.
a) P_{in}= 1 mW ; P_{out}= 100 mW
b) P_{in}= 2 mW ; P_{out}= 200 mW

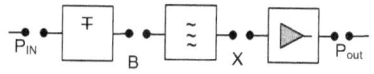

Fig. ejemplo III.10

a)
en el origen:
en dBr N_{in}=10 log (P_x/P_{in}) y como P_x= P_{in} resulta N_{IN}=0 [dBr]
en dBm N_{in}=10 (P_{IN}/1mW) y como P_{IN}= 1mW resulta N_{IN}=0 [dBm]
en el punto de salida:
en dBr N_{out}=10 log (P_{out}/P_{in}) = 10 log (100/1) resulta   **N_{out}=20 [dBr]**
en dBm N_{out}=10 log (P_{out}/P_{in}) = 10 log (100/1) resulta N_{out}=20 [dBm]
Los valores numéricos en dBr y dBm coinciden porque la referencia P_{in} es 1 mW.
b)
en el origen:
en dBr N_{in}=10 log (P_1/P_{in}) y como P_1= P_{in} resulta N_{in}=0 [dBr]
en dBm N_{in}=10 (P_1/1mW) y como P_1= 2mW resulta N_{in}=3 [dBm]
en el punto de salida:
en dBr N_{out}=10 log (P_{out}/P_{in}) = 10 log (200/2) resulta   **N_{out}=20 [dBr]**
en dBm N_{out}=10 log (P_{out}/P_{in}) = 10 log (200/1) resulta N_{out}=23 [dBm]

Como puede observarse en el ejemplo anterior, aun cuando la potencia en el origen se duplica, los dBr medidos en el punto de salida permanecen constantes. Esta medición proporciona información de las características del circuito, que no variarán mientras las ganancias o pérdidas del circuito no varíen. Sin embargo los niveles en dBm si han cambiado pues la potencia medida a la salida se ha duplicado en el caso b), lo que representa 3 dB **más** (de 20 a 23). En el único caso que coinciden numéricamente los valores en dBr y dBm es cuando la potencia en el origen es 1 mW (caso a). El **dBr** se puede usar con potencias expresadas en cualquier unidad, sean W; pW, µW.

Ejemplo III.12 En el punto B de la figura del ejemplo 10-III se tienen 20 dBr y en el punto X –15 dBr. ¿Qué significa?. En el primer caso significa que N_B está 20 dB más alto que la entrada. Si por ejemplo a la entrada inyectamos 4 mW (6 dBm) el nivel de B será: N_B= 6 dBm+ 20 dB=26 dBm ~ 400 mW que no es más es la aplicación de (3) del apartado §5. El cálculo puede hacerse mentalmente, teniendo en cuenta que 20 dB corresponde a 100 veces y si se entró con 4 mW la salida será 100 veces más.

Se deja como ejercitación del alumno el segundo caso (-15 dBr), como ayuda suponga que P_{in}=4 mW, entonces será N_X~0,126 [mW], compruebe.

9. dBm_o

Esta unidad no es más que dBr particularizado para situaciones concretas. Como las señales de los circuitos telefónicos de larga distancia deben someterse a ciertos procesamientos con el fin de satisfacer las exigencias de calidad y de transmisión y teniendo en cuenta que las características del canal telefónico varían aleatoriamente, al fabricante de equipos de comunicaciones le resulta imposible especificar valores fijos normalizados para los diferentes puntos de medición. Por eso hace falta utilizar una señal de prueba precisa en el origen. En telefonía se utiliza un tono de 800 Hz y de una potencia de 1 mW (0 dBm) que son las condiciones específicas mencionadas para el dBmo.

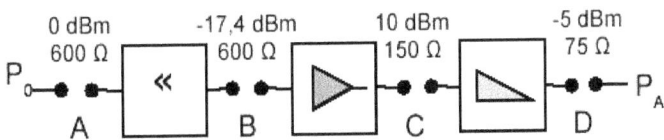

Figura III.6a Esquema de un canal de larg distancia

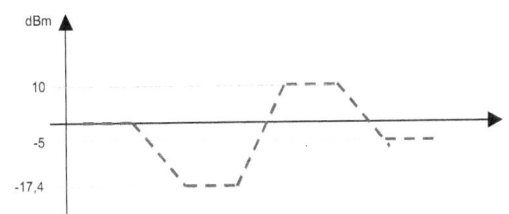

Figura III.6b Diagrama de niveles dBmo

Si tomamos como ejemplo un canal de larga distancia con salida FDM, similar al bosquejado en figura III.6a (atenuador, amplificador, modulador balanceado) y se inyecta la señal (P_0) de prueba en la entrada (origen), a la salida se tendrá una señal desplazada en frecuencia y con un nivel que seguramente variará estadísticamente (del mismo modo que lo hace el canal) y con puntos de prueba de impedancias diferentes. Se puede hacer un diagrama como el de figura III.6b donde en línea de trazos se han dibujado los niveles de cada punto para una señal de prueba en el origen del circuito. Esta es la especificación que brinda el fabricante.

Si ahora se inyecta una señal de –20dBm en A, (origen del circuito), le corresponderá un nivel de –**20dBmo** puesto que en A se tenía 0 dBm (el sub índice "o" indica precisamente eso, que es un valor tomado como 0 en el origen del circuito). En otras palabras, esta señal estará 20 dB por debajo del diagrama de niveles (líneas de trazos de la figura III.6b) en cualquier punto del circuito, siempre y cuando las ganancias o pérdidas de los diferentes elementos de la cadena no hayan variado. La figura III.7 así lo muestra en forma de otro diagrama de niveles (línea llena). Puede verse con claridad que en todos los puntos de medición el valor estará 20 dB por debajo de la señal de prueba. Lo importante es que el uso del dBmo independiza de tener que indicar en cada punto el valor a medir.

Por ejemplo si se debe proteger el canal del ruido cuidando que esté a menos de –50dbmo en cualquier punto del circuito de la figura III.6, deberemos medir cuanto menos en B=-67,4 dBm, C=- 40 dBm, D= -55 dBm. Obviamente que en A= -20dBm. ¿Por qué?

Como otro ejemplo para ilustrar, si un tono de señalización debe ser inyectado a la entrada con un nivel de -2,5 dBmo se tendrá que medir en los puntos: B=-19,9 dBm; C=7,5 dBm; D=-7,5 dBm.

Observar con atención que la señal a considerar se mide en dBmo (-50 y –2,5) mientras que los niveles en cada punto en dBm.

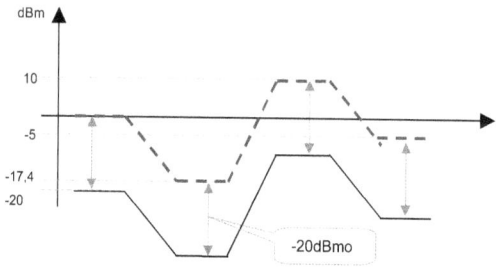

Figura III.7 Diagrama de niveles para –20dBmo (línea llena)

10. dBmo$_p$

Es una unidad muy específica de los sistema telefónicos, es la medición de ruido en los canales de voz. A fin de simular las condiciones del oído humano junto a las características del receptor telefónico, se ha construido un filtro llamado psofométrico. Sus características se describen en el §4 del capítulo IV y se muestran en la figura IV.2 del mismo. Se hace así porque si midiéramos el ruido con un instrumento de respuesta plana no sería el que verdaderamente afecta al oído.

El valor de la potencia de ruido medido a través de un filtro psofométrico se expresa en dBmp y si se lo refiere a la señal de prueba en el origen del circuito, se expresa en **dBmo$_p$.**

Referencias Bibliográficas

IEC División capacitación ENTel. *Mediciones de nivel.* Ed ENTel. 1987

KUSTRA, RUBÉN O. *Comunicaciones Digitales.* (Cap 2). Ed. H.A.S.A. 1986

-IV-
Transmisión

1. Introducción

Una de las mayores dificultades en el diseño de redes telefónicas es determinar cuán grande es el deterioro de la señal en los distintos sub sistemas incluidos en la red. Mediante evaluaciones subjetivas de las conversaciones en esas líneas, se pueden establecer ciertos objetivos de calidad de la transmisión extremo – extremo. En rigor, primero deberán establecerse los objetivos económicos y recién entonces podrán establecerse los otros. Sin embargo, debido a la gran cantidad de equipos diferentes y a la variedad de tipos de conexiones dentro de la red, el logro de estos objetivos es en todos los casos, un problema bastante complejo. Por esto, es posible considerar varios factores al establecer los objetivos de transmisión de la red:

a. Atenuación de señal
b. Diafonía
c. Interferencia
d. Ruido
e. Distorsión
f. Eco
g. Silbido
h. Imperfecciones de la modulación y de las portadoras.

La distribución geográfica permite clasificar tres tipos de redes:

- Red urbana o de corta distancia
- Red interurbana o de larga distancia
- Red internacional

En las redes urbanas se engloban todos los circuitos de abonados y los enlaces entre centrales, que forman las áreas múltiples tratadas en el capítulo V. Las otras se presentan en capitulo VI.

2. Atenuación de la señal

Las pruebas subjetivas de las conversaciones telefónicas han demostrado que la pérdida de transmisión deseada (o ideal) debería ser de 8 dB aproximadamente. Un estudio de las conexiones entre abonados de la misma central de conmutación, arrojaron como resultado que solamente las llamadas locales típicas (las más usuales) ya presentan –8,6 dB, es decir 0,6 dB más de pérdida que lo deseado. Otras observaciones indican que en promedio, las conexiones producen adicionalmente 6,7 dB más de pérdida. Se calculó que la desviación estándar de tales pérdidas es de 4 dB. (valor muy por encima de lo que se le deseaba atribuir nada más que al circuito de abonado).

Si bien la distribución de las pérdidas no es exactamente Gaussiana, considerarla así es un método conveniente que no introduce mayores errores. Bajo estas consideraciones resulta que el 84 % de las conexiones tienen pérdidas mayores a 19,6 DB (8,6 + 6,7 + 4) lo cual es 11,3 dB más grande que lo ideal (8 dB). Esto transformado a relación, es poco más de 10 veces lo ideal!

Cada Administración desarrollará lo que comúnmente se conoce como "plan de transmisión" en cada uno (y en el total) de los segmentos de transmisión, asignando las pérdidas que por norma correspondan según un "equivalente de referencia" de laboratorio. Las recomendaciones P12, P13 P42, son algunas de las que tratan este tema.

3. Interferencia y diafonía

El ruido y la interferencia son dos características no deseadas de la señal electromagnética, y además presentan un comportamiento que fluctúa de manera impredecible. La interferencia es usualmente más predecible que el ruido, ya que se origina como un acoplamiento no deseado de algunas señales en la red. Si esta interferencia es inteligible o casi inteligible, se la denomina **diafonía**. Inteligible significa que se puede entender la conversación mantenida por otros abonados pertenecientes a comunicaciones diferentes a la observada. Algunas de las mayores fuentes de diafonía son:

- Acoplamiento entre los pares de cobre de los cables multipares.
- Efectos no lineales de los componentes de señales FDM.
- Filtrados inadecuados de las portadoras de sistemas FDM.
- Interferencia entre símbolos (I.S.I) en sistemas TDM.

De manera particular, cuando la diafonía es inteligible, resulta uno de los más grandes disturbios e imperfecciones que ocurren en una red de comunicaciones. En tales casos, si aparece en tramos analógicos, es sumamente difícil de controlar, debido a que los niveles de voz varían dentro de un rango dinámico de 40 dB aproximadamente. Por eso, el valor absoluto del nivel de diafonía presente en una línea durante una conversación de señal fuerte, deberá ser lo más bajo posible para cuando se mantenga una conversación de señal débil. De hecho, la diafonía se nota más durante las pausas de la conversación, precisamente cuando el nivel de potencia de la señal es prácticamente nulo.

En ingeniería de comunicaciones se habla de dos tipos de diafonía:

- paradiafonía
- telediafonía

La figura IV.1 ilustra cada caso. La paradiafonía causa más problemas pues el acoplamiento es entre el transmisor y el receptor del mismo lugar, cuyas señales presentan diferencia de niveles mucho más notables.

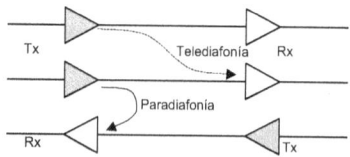

Figura IV.1 Dos clases de diafonía

4. Ruido

La forma de ruido más común analizada en comunicaciones, es el ruido **WAG** (del inglés Withe Adittive Gaussian) o sea ruido aditivo, gaussiano y blanco[1], ya estudiado detenidamente en "Análisis de Señales" y en "Sistemas de Comunicaciones". Este tipo de ruido no es difícil de analizar y sí es fácil de encontrar en todo sistema eléctrico o electrónico, ya que se origina como ruido térmico. Los sistemas de alimentación de energía, como, fuentes, rectificadores y batería de acumuladores, son el origen más común de ruido en el loop de abonado. Este ruido es realmente aleatorio, en el sentido que una muestra tomada en cualquier instante, no tiene correlación[2] con otra tomada un instante posterior.

Otros tipos de ruidos de importancia en las redes telefónicas son: el ruido impulsivo y el ruido de cuantificación. El ruido impulsivo se originaba en todas las conexiones electromecánicas de las antiguas centrales de conmutación, de manera especial en las denominadas "paso a paso". Hoy, ya no están en servicio, pero igual existen fuentes que originan ruido impulsivo, tales como lámparas de descarga, motores eléctricos, encendido de motores a explosión, etc. El ruido de cuantificación es, obviamente, producido en los conversores A/D, de manera especial en los sistemas PCM de uso extendido en telefonía.

El WAG se mide en términos de potencia promedio, mientras que el ruido impulsivo en [impulsos por segundo]. Sabemos que el ruido de cuantificación depende de el cuanto y de la cantidad de niveles que haya, pero en realidad se lo expresa con referencia a la potencia de la señal en términos de relación señal a ruido de cuantificación S/N_q.

Volviendo al ruido WAG, en las señales de voz, éste aparece como un ruido de fondo, tal vez como el sonido producido por una "fritura". En cambio el ruido impulsivo es casi inapreciable por el sistema oído-cerebro. Como contrapartida, en comunicaciones de datos, este último es sumamente nocivo.

La potencia de cualquier señal perturbadora, ruido o interferencia se puede medir con un voltímetro de valor rms. Pero, las perturbaciones dentro de la banda de frecuencia de voz, son subjetivamente más molestas.

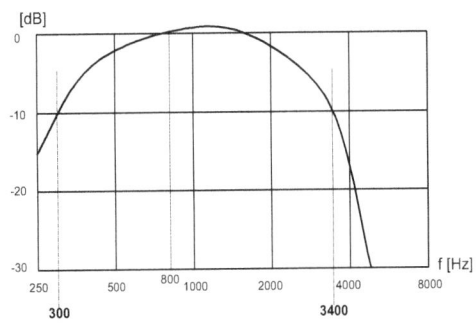

Figura IV.2 Curva psofométrica

Por esa razón, subjetiva, las medidas más frecuentes de potencia de ruido en redes telefónicas, se hacen, en realidad, sobre la cantidad de efectos subjetivos del ruido, y no sobre la potencia

---

1. **Aditivo** por que en el tiempo, se "suma" a la señal con información (voz); **gaussiano** porque presenta una distribución "normal"; **blanco** en analogía a la luz porque su espectro abarca todas las frecuencias.
2. Medida de la semejanza entre dos muestras de señales.

en sí, por ello se hacen medidas a través de una curva ponderada, denominada curva psofométrica, mostrada en figura IV.2.

Esta curva, incluida en la recomendación P53 del ex CCITT, representa esencialmente un filtro de acuerdo a la respuesta del conjunto oído humano, teléfono, línea, y en función de las molestias que pueda sentir el abonado. Como referencia se han marcado las frecuencias extremas 300 y 3.400 Hz, tomadas como "ancho de banda" de un canal telefónico[3]. Básicamente, un psofómetro es un hipsómetro (medidor de nivel) de baja frecuencia, al cual se le ha adicionado el psofómetro. Nótese que los disturbios alrededor de los 1.000 Hz son más perceptibles. Es como si la medición a través del psofómetro diera una magnitud ponderada (psofométricamente). Notar también que en 800 Hz el nivel es 0 dB, esta es la frecuencia que se toma como patrón de referencia y corresponde a 1 pW (-90 dBm) ya que no posee efecto perturbador sobre el oído.

Si bien el ruido tiene un espectro densidad de potencia plano a todas las frecuencias, el conjunto oído, teléfono, línea, no es plano. Por lo tanto, para conocer el verdadero valor del ruido que afecta al abonado durante la conversación telefónica, deberá intercalarse el mencionado tipo de filtro.

Como dato anecdótico, conviene conocer que *"psphos"* en griego, significa ruido, de ahí el nombre del filtro. En EEUU y Japón se utiliza una curva similar, denominada curva "C", que representa la respuesta de más de 500 aparatos telefónicos diferentes.

En Ingeniería Telefónica, la unidad de medida normalizada para el ruido es el pW (pico Watt) lo que representa 10^{-12} W y equivale a -90 dBm. Si la medición se realiza utilizando un filtro psofométrico se indica con el subíndice "p" en la unidad respectiva, es decir pW_p o dBm_p.

La calidad de un circuito de voz no se especifica en términos de la clásica relación señal a ruido. La razón es que niveles de ruido relativamente bajos, son más notables durante las pausas de la conversación (cuando no hay señal de voz presente). Por otro lado pueden ocurrir altos niveles de ruido durante la conversación y ser imperceptibles. Por esas razones, **niveles absolutos** de ruidos son más relevantes que la S/N para especificar la calidad. Es común en la industria telefónica especificar la calidad de un circuito de voz, en términos de la relación entre un tono de prueba (800 Hz) y el ruido; y como la potencia del tono está pre especificada y normalizada, lo que de hecho se mide, es la **potencia absoluta** de ruido. Por ejemplo en AT&T, el objetivo de máximo ruido admisible es:

$$-6,2 \text{ dBm si } D < 90 \text{ Km}$$
$$-56 \text{ dBm si } 90 < D < 1500 \text{ Km} = (0,25 \cdot 10^{-6} \text{ mW})$$

5. Distorsión

Al hacer el análisis sobre la atenuación de la señal, asumimos tácitamente que la forma de onda originada en la fuente era idéntica a la del extremo receptor, salvo por la escala de amplitud.

Sabemos sin embargo, que la forma de onda en el receptor contiene cierta distorsión no atribuible a perturbaciones externas, como lo era el ruido y la interferencia, sino que son atribuibles a las características internas del canal de comunicación. En contraste con el ruido y la

---

3. Es una convención, algo que lo determina el Ingeniero en telefonía. No significa que una línea telefónica tenga ese ancho de banda.

interferencia, la distorsión es determinística. Se repetirá cada vez que el mismo tipo de señal se envíe por un mismo canal de la red. La distorsión puede ser controlada o compensada porque su naturaleza es bien conocida. Son varios los tipos de fuente de distorsión dentro de la red telefónica. Las compañías de teléfono han minimizados los tipos de distorsión que más afectan a la calidad subjetiva de la conversación. Más recientemente, también se actuó en prevenir los efectos de la distorsión en las transmisiones de datos por la red telefónica. Algunas distorsiones provienen de elementos no lineales de la red tales como:

- Micrófonos de carbón.
- Amplificadores de frecuencias vocales saturados.
- Compansores desadaptados.

Otros tipos de distorsión son de naturaleza lineal y se los caracteriza en el dominio de la frecuencia, como <u>distorsión de amplitud</u> y como <u>distorsión de fase</u>.

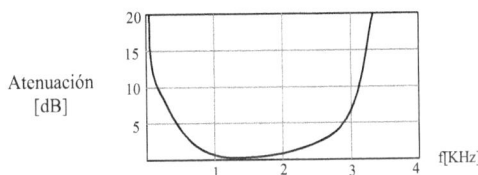

Figura IV-3 Respuesta de amplitud de una conexión típica

La primera se refiere a la atenuación que en diferente medida afecta al espectro de una señal vocal, y se producen en líneas de cobre de gran longitud. También por las imperfecciones (limitado ancho de banda) de los filtros de los sistemas FDM.

Las bobinas de carga o de pupinización son una de las formas en que se puede eliminar este tipo de distorsión en pares de cobre de gran longitud, aunque actualmente no existen, superados tecnológicamente por otros medios.

Respecto a los filtros, idealmente, éstos deberían dejar pasar uniformemente todas las frecuencias vocales hasta 4Khz y rechazar el resto. Sin embargo, los diseños prácticos, necesitan una atenuación gradual del tipo "roll-off" comenzando cerca de los 3 KHz. La figura IV.3 muestra una respuesta de amplitud típica.

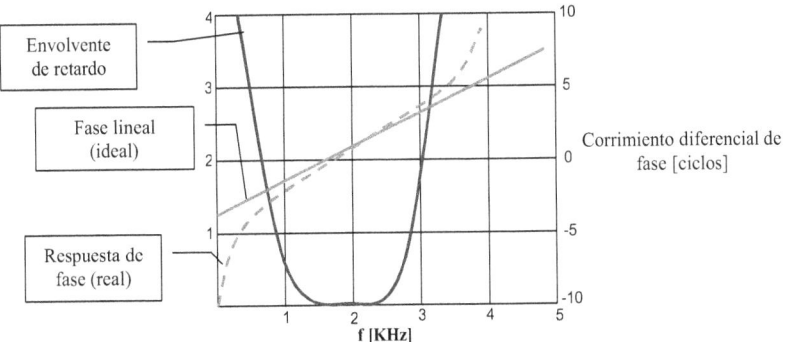

Figura IV.4 Envolvente de retardo y respuesta de fase para una conexión telefónica típica.

40

La distorsión de fase está relacionada con las características de retardo de los medios de transmisión. Idealmente estos medios deberían producir un idéntico retardo de todas las frecuencias que componen la señal, de modo que la relación de fase entre un extremo y otro sea siempre la misma. En cambio, si componentes individuales de frecuencia experimentan diferente retardos, la forma de onda en el tiempo se verá distorsionada a la salida del medio, porque se habrá alterado la superposición de componentes de frecuencia (distorsión de fase).

El retardo de cualquier componente espectral puede conocerse por medio de lo que usualmente se llama "envolvente de retardo", ver figura IV.4. Por ejemplo, una envolvente de retardo uniforme produce un respuesta en fase que es directamente proporcional a la frecuencia. Los sistemas como el mencionado, se denominan de fase lineal. Toda desviación de esa linealidad provoca una distorsión de fase, como la línea de trazos.

Además de las distorsiones mencionadas, los sistemas de onda portadora introducen otros retardos que originan las perturbaciones conocidas como pérdida de sincronismo ("off-set") y corrimiento de fase ("jitter"). En el caso de señales vocales son fácilmente controlables, pero en la transmisión de datos ocasionan grandes dificultades que se incrementan cuando las velocidades digitales son elevadas.

6. Eco y silbido

Estas perturbaciones aparecen como consecuencia de transmitir señales "acopladas" hacia las fuentes que las producen. La causa más común de acoplamiento es el desequilibrio de las impedancias de balances en los "híbridos" que convierten 2 hilos a 4 hilos. Como se muestra en la figura IV.5, la señal transmitida de A a B regresa a su fuente por el circuito de recepción.

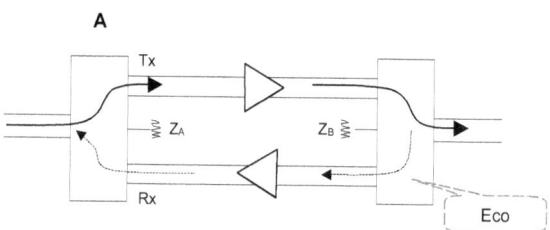

Figura IV.5 Generación de eco en la interfaz 2H a 4H

Lo que sucede, es que resulta muy difícil lograr una adecuada adaptación de impedancias, pues un mismo circuito puede conectar alternativamente gran cantidad de líneas con impedancias muy diferentes entre sí. Si se produce una reflexión, se la denomina "eco del abonado que llama"; si ocurre una segunda reflexión, es "eco de abonado llamado". Cuando este eco se repite durante varios ciclos entre Tx y Rx, del mismo híbrido, se produce una oscilación que se la conoce como *"silbido", "canto" o "murmullo"*. En rigor, esto se produce como consecuencia de que la ganancia de lazo es mayor que la unidad. El eco producido por el Tx es, obviamente, más severo que el que proviene del abonado llamado.

La degradación causada por el eco depende de la magnitud de la señal reflejada y de la cantidad de retardo introducida por el circuito. En los tramos cortos, el retardo es mínimo como para provocar eco perturbador en el oído. No hay que olvidar que por razones subjetivas, es conveniente que al oído del abonado le llegue parte de la señal que él mismo emite (tono lateral). Pero a medida que la longitud del circuito se incrementa se hace necesario incrementar también la atenuación del eco (onda reflejada), para eliminar la perturbación al que está hablando. Así, los circuitos satelitales de más de 8.000 kilómetros necesitan considerables atenuaciones de la onda reflejada.

Los circuitos de media distancia se diseñan con 2 a 6 dB de atenuación. Circuitos de más de 2.400 kilómetros (o 45 milisegundos de retardo), van a necesitar para el control del eco, más atenuación que la tolerada para la señal vocal enviada. En estas situaciones se utiliza un sistema denominado "**supresor de eco**", que puede conmutar con niveles de atenuación altos, típicamente 35 dB, y en función de la actividad de voz. Su principio de operación se realiza sobre líneas a 4 hilos mediante la comparación del volumen de la voz en cada canal, e insertando la atenuación apropiada en el canal correspondiente. De esa manera los ecos se atenúan fuertemente, mientras el canal de transmisión puede ser diseñado con mínima pérdida. El problema de estos supresores de eco, es que se pueden producir "cortes" de la voz cuando el abonado **A** comienza a hablar, y simultáneamente también lo hace el otro abonado **B** en el extremo opuesto de la conexión. Entonces, el supresor no dejará pasar la nueva conversación (la que intenta **B** en el otro extremo) hasta que haya tenido el tiempo suficiente para invertir la dirección. Los actuales supresores son capaces de invertir la dirección en menos de 2 milisegundos para así minimizar el efecto del "corte". Sin embargo, aún con los mejores diseños no es posible anular totalmente el eco (o hacerlo imperceptible) ya que un abonado no puede "suprimir" al otro abonado sin antes haber bajado su propio nivel de voz.

Hay otro diseño llamado **cancelador de eco** que tiende a eliminar solo la onda reflejada y no la conversación del otro. El principio de operación de un cancelador es almacenar la conversación a transmitir, durante un tiempo igual al retardo de circuito bucle. De esa manera, la señal almacenada es atenuada apropiadamente y a la vez retardada respecto de la señal de retorno entrante. Estas operaciones necesitan conocer correctamente las características dinámicas del enlace y requieren de un almacenamiento permanente de la señal a transmitir. Solo recientemente estos canceladores han sido económicamente factibles, como para que los laboratorios de Bell System desarrollaran un circuito integrado capaz de realizar eficazmente la cancelación.

En general, los procedimientos usados para el control de eco, también controlan el "silbido". No obstante en circuitos de corta distancia no es necesario implementar el control del eco, en cambio el silbido sí resulta un problema. Éste suele producirse en circuitos desocupados y aumentar el problema si hay amplificadores sobrecargados o hay inter modulación de frecuencias en sistemas FDM. El des balance de los híbridos es también causa del silbido.

7. Niveles de Potencia

En conexiones de larga distancia, la potencia de las señales de voz debe ser rígidamente controlada. Deberá ser lo suficientemente alta como para resultar claramente audible pero, al mismo tiempo, no tan fuerte como para inestabilizar los circuitos con ecos y silbidos. Como mantener un control rígido del nivel de potencia extremo-extremo, involucra a una gran variedad de sistemas y equipos de transmisión, las Compañías controlan la atenuación de la red y amplifican los circuitos de transmisión. Estos circuitos se diseñan para cierta cantidad de pérdida en la red, dependiendo de la posición del enlace dentro de la red jerárquica.

A fin de administrar las pérdidas de transmisión la UIT-T especifica los niveles de potencia en términos de puntos de referencia. Se los denomina *PTN0* (punto de transmisión nivel cero) y se habla de niveles de referencia dBr_0. Hay que enfatizar que en telefonía los puntos de referencia no indican niveles de potencia, sino ganancia o pérdida de ese punto, relativo a otro tomado como referencia.

Los niveles de potencia, ya sea de señal o de ruido NO son normalmente expresados en términos medidos localmente. Insisto, las potencias se expresan en términos de sus puntos de referencia cero. Por ejemplo, una potencia de ruido absoluta de 100 pW (-70 dBm) es medida en un PR0 a –6 dB, entonces expresamos esto como –76 dBm_0 donde el sub índice "0" indica que es relativo a PR0. Si acaso esa misma potencia se midiera a través del filtro psofométrico, se expresaría en dBm_{0p} o en pW_{0p}.

La Bell System especifica como valor típico que el nivel de potencia de voz debería ser –16 dBm_0.

8. Sistemas de Transmisión

Funcionalmente, los canales de comunicación entre dos centrales se lo conoce con el nombre de "troncales". Esos canales están constituidos con una variada gama de alternativas como ser: pares de alambres, cables coaxiales, radio enlaces de microondas punto a punto, fibra óptica, cables multipares etc. El circuito que va desde la central hasta el abonado es el circuito de abonado y es un par común, llamado "par de abonado". La mayoría de la inversión en una red telefónica se circunscribe en la parte llamada plantel exterior, que comprende lo que se acaba de describir y se analiza en el capítulo V. Todas las facilidades de usuario se implementan exclusivamente con pares dedicados que se denomina línea de abonado. Esos pares se conocen también como par de abonado, par local entre otras denominaciones típicas del lenguaje de cada Administración.

8.1 Alambres abiertos

Una clásica vista de un pasado reciente nos mostraba a la red telefónica como alambres desnudos soportados por aisladores en postes con ménsulas horizontales. Tales redes han sido reemplazadas por sistemas de cables multipares que pueden ser aéreos o subterráneos. Actualmente es difícil ver esos alambres desnudos salvo en antiguas instalaciones rurales o de los ex Ferrocarriles Nacionales. La principal ventaja de los pares desnudos es su pequeña atenuación / Km a frecuencias vocales, de ahí el uso en largas líneas rurales. La desventaja es que se deben separar los cables para evitar cortos circuitos y la necesidad de grandes cantidades de cobre. Por ejemplo, un simple ramal de alambre desnudo necesita un diámetro 5 veces mayor que un cable multipar por lo que el gasto de cobre se hace 25 veces mayor. Si a esto le agregamos los costos de mantenimiento y la continua disminución del precio de los sistemas electrónicos (la instalación de amplificadores resultó más barato para compensar la atenuación) comprenderemos el reemplazo de las líneas aéreas desnudas.

8.2 Cables multipares:

En realidad la idea de cables multipares nace allá por 1883 (en EE.UU por supuesto) como medida para abaratar costos de mantenimiento. Hoy los cables contienen de 6 a 2.700 pares y la estructura de los mismos se muestra físicamente en clase. Estos cables se fabrican tanto para su tendido aéreo como subterráneo por cañerías de PVC. En otros países se los entierra directamente.

La tabla que sigue indica los calibres y diámetros de los cables más frecuentemente usados y su resistencia a la CC.
Notar de la tabla que la resistencia del loop es el doble que la indicada. Los cables de calibre bajo (mayor sección) se usan en líneas de largo recorrido donde tanto la atenuación como la resistencia a la CC son factores limitantes.

Calibre	Diámetro [mm]	Resistencia [Ohm/Km]	Atenuación [dB/Km] *
26	0,40	133	0,87
24	0,50	83	0,75
22	0,60	52	0,58
19	0,90	26	0,38

Tabla IV-1 Características de cables de Cu

*medida con un tono de prueba de 800 Hz.

Se muestra en la figura IV.6 la curva de atenuación en función de la frecuencia de los calibres más comunes. Ver con atención que los pares son capaces de transmitir frecuencias mucho más altas que las requeridas por las señales vocales, de modo que el ancho de banda de una línea telefónica NO es de 4 kHz ¡

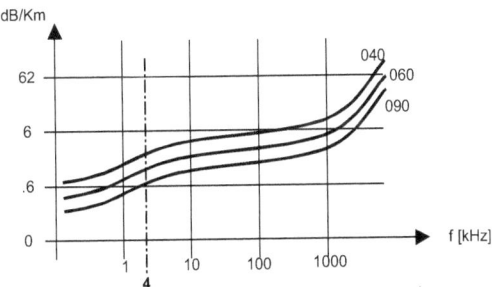

Figura IV.6 Característica de atenuación de los pares de Cu en función de f.

En las áreas múltiples de una red telefónica el medio de transmisión por excelencia es el cable multipar, y en donde la excepción son los enlaces entre centrales (o entre oficinas) que usan multiplexación para aumentar la capacidad de los enlaces troncales. En el pasado se usaba un par para cada canal de voz !

Sin embargo, los mayores volúmenes de tráfico, incrementaron los costos del cobre a la par de que bajaron los costos de la parte electrónica, estimulados por el uso de sistemas de ondas portadora que aprovecharon el ancho de banda del cable, para explotar más eficientemente a través del multiplexado que provee muchos canales de voz en un solo par. Para mayores cantidades se usan portadoras digitales y otros medios.

9. Dos hilos vs. cuatro hilos

Todas las líneas de transmisión de una red telefónica se basan en la transmisión a través de pares de hilos. Como se ve en la figura IV.7 la transmisión a través de un solo hilo es posible y de hecho se usó en el pasado (es la tierra la que hace de segundo conductor o retorno).

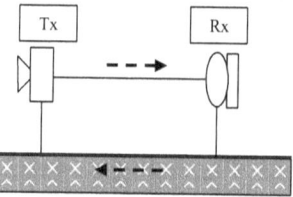

Figura IV.7 Transmisión a un solo hilo, con tierra como retorno

Sin embargo, el circuito resulta demasiado ruidoso e inaceptable para el abonado ya que el ruido se acopla como una corriente en el mismo sentido que la corriente del mensaje propiamente dicho. Entonces se deben usar pares balanceados como lo muestra la figura IV.8 en donde se propaga una señal como diferencia de voltaje entre los conductores. La corriente eléctrica producida por la diferencia de señal fluye a través de los hilos en sentidos diferentes como la llamada corriente metálica. Por el contrario, el ruido o las interferencias se acoplan en ambos hilos del par por igual y se propagan a lo largo del cable en un mismo sentido. A esta corriente se la conoce como de modo común o corriente longitudinal y no se acopla a los circuitos de salida a menos que sea un par des balanceado que convierta la corriente longitudinal (ruido e interferencias) en diferencia de señal la que si se hace audible. Por eso el uso de pares de hilos redunda en un circuito de mejor calidad que si fuera de un solo hilo.

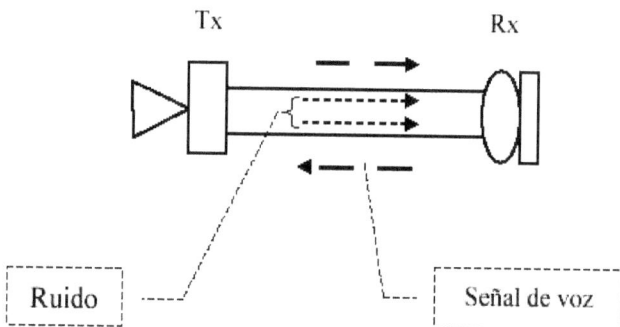

Figura IV.8 Transmisión a 2 hilos

Algunos circuitos usan un solo hilo de transmisión (des balanceado) para minimizar el número de contactos. Este tipo de circuito solo es posible de implementar en centrales pequeñas en donde tanto el ruido como la diafonía pueden ser controlados.

Virtualmente todos los circuitos de abonado se realizan con un simple par de hilos. Este par sirve para los dos sentidos de transmisión. Si los abonados en ambos extremos de la conexión, hablan simultáneamente, sus conversaciones se superponen en el mismo par y se pueden oír pero usualmente no todo se entiende en los extremos opuestos.

En contraste, líneas de transmisión sobre distancias largas, como por ejemplo entre centrales, son por lo general a cuatro hilos, o dos pares; un par para una dirección y el otro, par para la otra dirección. Las distancia más grandes a menudo requieren de sistemas de amplificación y a veces involucran multiplexores. Estas tareas son más fáciles de implementar si hay dos direcciones de transmisión, aisladas entre ellas y entre otras. Los troncales entre oficinas usan dos pares y se los conoce como sistemas a cuatro hilos. Este sistema no necesariamente implica usar doble cantidad de cobre que un circuito a dos hilos. Un circuito a cuatro hilos puede llevar varios canales multiplexados en cada dirección, por lo que existe un ahorro neto de cobre.

Algunas veces también el ancho de banda del par es dividido en dos sub bandas que se utilizan en dos sentidos diferentes. El término cuatro hilos implica la separación física de los canales para cada dirección.

El uso de cuatro hilos impacta directamente en el diseño de la central de una red telefónica. Así una red a cuatro hilos necesitará una central que conmute por separado ambas direcciones de la transmisión. De esa manera se necesitarán dos caminos a través de la central para cada conexión. Por el contrario los dos hilos con que está prevista la central, necesitará de solo un camino para cada conexión.

10. Conversión dos a cuatro hilos

Nació por necesidades económicas a fin de transformar 4H a 2H aunque adolecen de imperfecciones que degradan la calidad del circuito. Pero además en algún punto de líneas largas, se haría necesaria la conversión de 2H de la línea de abonado, a 4H de la transmisión por los troncales de larga distancia.

Se los conoce como transformador diferencial, bobina híbrida, unión híbrida, terminación 2 a 4 hilos o simplemente "híbridos". Por lo general esta conversión tiene lugar en la interfaz de salida de la central, en la denominada interfaz línea de abonado (ver capítulo. I). En la figura IV.5 se presentó el esquema de conexión de una conversión 2H a 4H y viceversa.

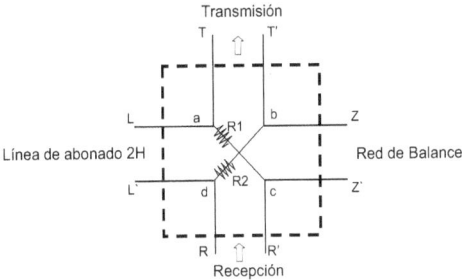

Figura IV-9 Esquema de un híbrido resistivo

Los híbridos fueron desarrollados a partir de bobinas o transformadores balanceados, pero su excesivo volumen y peso para las nuevas centrales ha echo que evolucionen a híbridos resistivos y actualmente híbridos electrónicos. En la figura IV.9 se muestra el circuito de un híbrido resistivo, que aunque más sencillo y económico, introduce mucha atenuación, 6dB por cada derivación, sin embargo, sus características son independientes de la frecuencia, lo que le permite funcionar en la banda de varios MHz.

Se lo aprovecha también como elemento de interconexión y adaptación de filtros, amplificadores, permitiendo además disponer de puntos de medición desacoplados.

10.1 Híbrido resistivo. Principio de funcionamiento

Teóricamente, el híbrido deberá:

- Aislar la señal entre los bornes opuestos (atenuación ∞)

- Acoplar la señal entre los bornes adyacentes. (atenuación 0).
- Presentar impedancias de entrada iguales a la de la línea conectada.

Se puede comprender mejor su funcionamiento al dibujar la figura IV.9 como en la figura IV.10. Si se observa detenidamente, verá que se trata de la conocida conexión puente de Wheastone, en donde al ser R_L =R_B y R_1 = R_2 el puente estará en equilibrio.

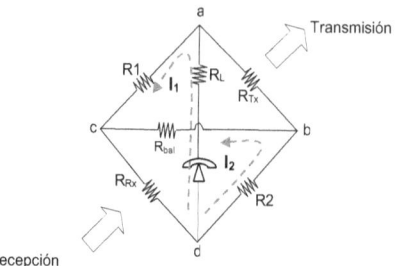

Figura IV.10 Circuito eléctrico de un híbrido resistivo

Supongamos que una señal proveniente del amplificador de recepción de la figura IV.5 llegue a R_{Rx}, bornes cd de la figura IV.10. Al estar el puente en equilibrio, la corriente I_1 = I_2 por lo que NO circulará corriente por los bornes ab de transmisión TT' pero SÍ habrá una caída de tensión sobre R_1 debido a I_1. Como el circuito es simétrico, sucederá lo mismo cualquiera sean los bornes donde se aplique la señal.

Pero en realidad no es posible una aislación perfecta de las derivaciones de 4H (que se logra cuando R_L=R_B) ya que la línea a 2H es una conexión de la central de conmutación, por lo que resulta difícil lograr una igualación perfecta y solo se consiguen aproximaciones suficiente-mente aceptables. El efecto de ese des balance es el silbido mencionado en §6.

Los problemas no terminan aquí. Como la señal que entra por un par de bornes se reparte igualmente por las ramas de I_1 e I_2, la potencia se divide en dos, así que de ese modo lo que llega efectivamente es solo un cuarto de lo original, dando una pérdida de 6 dB en cada deri-vación, por lo que en un circuito como el de la figura IV.11 se tendrá una pérdida de 12 dB.

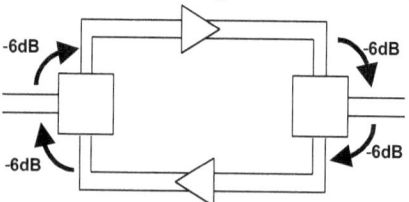

Figura IV.11 Pérdida en cada derivación de un híbrido resistivo

10.2 Híbrido inductivo.

Esta variante se utilizó durante mucho tiempo atendiendo a razones de potencia, ya que en estos casos la pérdida en cada derivación es la mitad del resistivo, es decir 3 dB por cada deri-vación. Además del problema del volumen y peso de las bobinas, inadmisible para las nuevas centrales, es que parte de la energía que llega por una de las derivaciones de 4H se acopla a la otra y retorna a la primera como el eco tratado en § 6.

10.3 Híbrido electrónico.

Debido a los problemas ya mencionados relacionados con los híbridos resistivos y a transformador, se buscaron alternativas con circuitos activos como el denominado puente canadiense mostrado en la figura IV.12.

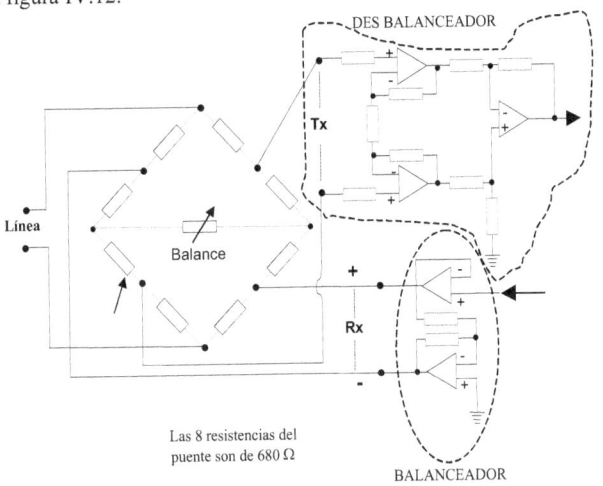

Figura IV.12 Híbrido electrónico

Otra función más que importante que realiza este híbrido es el "balance" y el "desbalance" de la señal. Es que como todos los circuitos digitales deben trabajar con señales referenciadas a tierra (señales desbalanceadas) y al mismo tiempo las señales de línea de abonado son balanceadas se deben implementar los circuitos que permitan la conversión adecuada. Por eso, es necesario des balancear la señal en el sentido transmisión y balancearla en el sentido de recepción. Se utilizan amplificadores operacionales en la recepción y un amplificador diferencial para eliminar las señales en modo común presentes en la línea.

11. Half-Duplex versus Full-Duplex

Los términos de la comunicación de datos, HD y FD están estrechamente vinculados a los términos de la telefonía 2H y 4H, pero no son sinónimos. Un circuito HD transmite en las dos direcciones pero no al mismo tiempo. Un circuito FD transmite en las dos direcciones simultáneamente. La recomendación europea difiere de la de los EE.UU en que para la UIT-T es un "modo de operación del enlace de datos" y no un enlace de transmisión en sí mismo. Obviamente un 4H provee un modo FD aunque también con un 2H es posible lograr un FD mediante la partición de la banda para usarlas una en cada sentido de la transmisión. Por último la existencia de un circuito 4H no implica necesariamente que se pueda transmitir en modo FD. Es el caso de cuando en las líneas de larga distancia se implementan los supresores de eco, que efectivamente suprimen uno de los pares cuando el otro esta en uso. Así, solo un par puede ser usado a un mismo tiempo. Esto en comunicaciones de datos es un gran problema, así que para transmitir datos se deben desconectar para permitir el uso de ambos pares simultáneamente.

12 Sistemas de "ahorro de pares"

La inmensa mayoría de los pares de abonados están implementados a 2H y son de dedicación exclusiva a cada usuario. La longitud promedio es de 3 Km. En alguno de esas líneas largas los costos del cobre se reducen mediante la forma de compartir esos pares. Una de las formas más comunes fue la llamada "party line", sin embargo debido a las disputas por el acceso a la línea era frecuente la degradación del servicio de voz para el usuario lo que lo volvió cada vez menos utilizado.

Otra manera de compartir pares es mediante el sistema que se conoce como ganancia de pares. A diferencia del party line este sistema permite compartir el par resultando absolutamente transparente para el usuario. Existen básicamente dos formas de ganar pares: concentración y multiplexación4.

12.1 Concentración

Mirando desde la estación que envía, la concentración se produce por la conmutación de un cierto número de circuitos activos hacia un reducido número de líneas de salidas compartidas. Del otro lado del sistema, la desconcentración llamada comúnmente expansión se produce al conmutar desde las líneas compartidas, a las entradas individuales de la central de conmutación correspondiente, ver figura IV.13. Volviendo a expandir el tráfico al número original de circuitos se asegura una transparencia de la operación tanto para el usuario como para la central. Observar que la definición de cual extremo produce concentración y cual produce expansión, depende del extremo desde el que se mire.

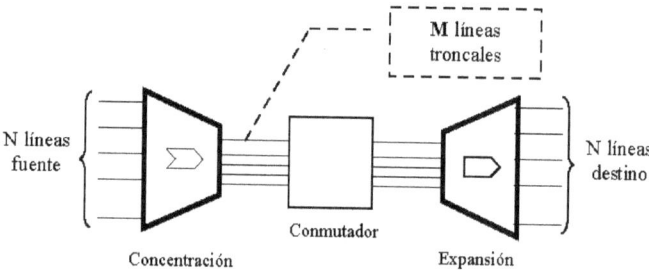

Figura IV.13 Concentración + expansión

Desde el momento que un concentrador es incapaz de conectar simultáneamente todas las líneas N a todas las líneas M (N > M) se producirá un inevitable bloqueo. Cuando la actividad de un área de abonados es considerablemente baja se puede conseguir una importante concentración con una probabilidad de bloqueo razonablemente pequeña. Por ejemplo, si 40 abonados están activos solo el 7,5 % del tiempo, se los puede concentrar en solo 10 líneas con una probabilidad de bloqueo de 0,001 (0,1 %), cálculo que ya se discutió en el capítulo II. Esta es una aceptable degradación del servicio.

Hay que observar que en estos sistemas es necesario la transferencia de información de control entre el concentrador y el expansor, de modo que cuando se establezca la conexión de una de las líneas compartidas en uno de los extremos, se avise al otro extremo para que se prepare

---

4. La "multiplicación de pares" tratada en el capítulo V como una forma de distribución de los pares de abonados no debe confundirse con estas técnicas.

a buscar la adecuada conexión final. Los procedimientos que el bloque del medio, el conmutador, realiza, es objeto de un análisis más detallado en el capítulo VIII.

12.2 Multiplexado:

Como pudo verse en la figura IV.6 el ancho de un par de cobre es considerablemente mayor que lo necesario para una simple señal vocal. Es por ello que se puede usar la multiplexación en frecuencia para acomodar varios canales de voz en un simple par de hilos. Como la atenuación se hace más grande a medida que crece la frecuencia, será necesario ir compensando los amplificadores en los FDM en varios puntos de la línea.

Es importante resaltar que en la FDM la relación es de uno a uno entre las líneas de abonados y los subcanales del multiplex, lo que hace imposible la aparición de bloqueo como es característica de la concentración. Asimismo tampoco es necesaria la transferencia de información de control entre los extremos ya que la misma relación define inequívocamente cada canal con cada línea de abonado. Todas estas son ventajas, pero la contra está en que existe un sub aprovechamiento del ancho de banda (baja eficiencia) ya que cuando no se usan es un desperdicio de banda. Por lo tanto lo mejor es la combinación de concentración y de multiplexación, tal como en los sistemas de larga distancia. O mejor aún, hacer TDM usando todo el AB que permita el enlace, tal como se hace con los datos de Internet en ADSL. Importante para tener en cuenta es que se usa modulación de amplitud SSB (BLU) lo que da lugar al uso de filtros de canal para separarlos cuyo ancho está normalizado en 4 Khz. Si bien la señal aprovechable de voz se la toma entre 300-3.400 Hz. la limitación del ancho de banda de las líneas es ese filtro y no la línea misma como equivocadamente se suele pensar. Finalmente consideremos que para una comunicación interurbana donde se usan dos canales, uno de ida y otro de vuelta el ancho de banda total para esa comunicación es de 8 Khz, a pesar del uso de SSB. Si bien el FDM se había generalizado hasta la década del 70, desde entonces hubo una fuerte e incontenible tendencia a recurrir a los TDM tanto para mensaje analógicas como digitales. Es así que para señales vocales los sistemas PCM son usados asiduamente por su propiedad de conversor A/D y multiplexor de canales a la vez. Produciendo el filtro del conversor de 4 Khz la misma imitación que los FDM. Ambos sistemas, FDM y TDM[5] ya analizados en Comunicaciones I, son jerárquicos y normalizados por la UIT.

13. Otros medios de transmisión

Aparte de los pares mencionados cuya capacidad se ve seriamente limitada por razones de atenuación se utilizan cables coaxiales, radio enlaces y fibras ópticas. Si bien la fibra óptica fue desarrollada pensando en señales digitales se aplica con asiduidad para señales analógicas como el caso de la telefonía y la TV. Es también destacable que el cable coaxial ha visto el máximo de la aplicación con la TV a domicilio (TV por cable).

En los sistemas de telefonía para largas distancias o para troncales entre centrales de conmutación, la fibra óptica ha desplazado decididamente a los otros sistemas de transmisión. Sin embargo presenta los mismos inconvenientes que los cables coaxiales, los regeneradores deben encontrarse muy próximos entre si y disponer de terreno propio durante todo el recorrido del trayecto o de la red, con alto riesgo de sabotajes y cortes accidentales.

Finalmente cuando la línea de abonado se digitalice mediante la fibra óptica, se podrán disponer de todos los servicios portadores imaginables, es decir, podrá llegar la tan esperada RDSI.

---

5. Recodar el primer orden digital de 2 mega bits/s (en rigor 2.048 kHz/s).

Tal vez antes que la fibra llegue al domicilio del abonado se pueda aprovechar el tendido del plantel de cables coaxiales de TV existente y dar el servicio digital deseado. La otra tendencia que se perfila como muy prometedora es el aprovechamiento de los sistemas móviles (celulares) para brindar servicio de voz y datos de alta velocidad, en conjunción con IP.

Referencias Bibliográficas

BELLAMY. JOHN. *Digital Telefhony.* Cap II. Ed John Wiley & Sons. 2000.

FREEMAN, ROGER L. *Ingeniería en Sistemas de Telecomunicaciones.* Cap. V– Ed. Limusa. 1993.

UNIVERSIDAD DEL CAUCA – ESPAÑA. *Interfaz Línea de abonado.* Cap 2. Departamento de Conmutación, Ingeniería Telemática. (ftp://jano.unicauca.edu.co/cursos/cx/Cx/ila.pdf).

IEC División capacitación ENTel. *Redes de Interconexión.* Ed ENTel. 1987.

-V-
PLANTEL EXTERIOR

1. Plantel telefónico

Todo sistema de telefonía está compuesto por una cantidad de elementos que configuran el denominado plantel telefónico. A su vez éste puede dividirse en cuatro grupos a saber:

- Bienes raíces (edificio, terreno, bienes muebles etc).
- Plantel interior (central telefónica, repartidores, etc).
- **Plantel exterior.**
- Plantel interurbano (Repetidores, tramos de larga distancia etc).

2. Plantel exterior (PE)

También denominado "planta externa", es el que contiene todos los elementos necesarios para establecer la conexión del abonado a la central. Por ejemplo postes, cables, cámaras, armarios, acometida, etc.

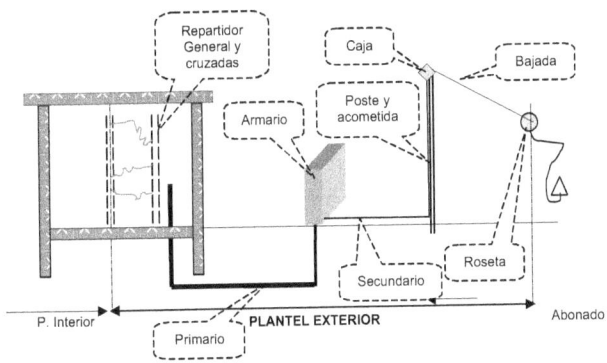

Figura V.1 Límites del plantel exterior

Se puede distinguir claramente el punto inicial del PE como el alambre de cruzada que une el lado abonado del repartidor general (RG) con el lado interior del mismo. El PE termina en la roseta de abonado, tal como lo muestra la figura V.1.

La importancia del plantel exterior es tal, debido a dos razones fundamentales:
- el elevado porcentaje del costo de la inversión inicial que absorbe.
- el costo del mantenimiento, estando ya la central en operación, puesto que la mayoría de las fallas que afectan a la calidad del servicio, se producen en él.

En efecto, si comparamos los costos de inversión para poner en funcionamiento una central con capacidad para 10.000 abonados, éstos se reparten en forma aproximada como:

Edificio	10 %
Equipo de Cx	40 %
Plantel Exterior	50 %

Lo que justifica la importancia desde el punto de vista económico. Además, las nuevas tecnologías han permitido que los costos de ampliación de la capacidad de una central de conmutación digital, se reduzcan notablemente, mientras que la ampliación del PE insume prácticamente lo mismo que en la inversión inicial.

Por otro lado el PE es la parte que más influye en la calidad del servicio y en la distribución de las fallas que provocan la incomunicación del abonado. Así se ha establecido que el porcentaje idealmente esperado de faltas y los elementos que las provocan deberían ser como lo muestra la tabla T1-V.

	% Ideal	% Real
Plantel Interior	10	15
Estación de abonado	60	30
PLANTEL EXTERIOR	30	**55**

Tabla V.T1

Sin embargo, la realidad muestra otra cosa y lamentablemente para el plantel exterior, la responsabilidad recae en él, haciéndolo más importante por sus defectos que por sus ventajas.

3. Distribución

El par de cada abonado debe ser llevado desde la central hasta el domicilio correspondiente. La ubicación física de esos domicilios presenta una variada gama de posibilidades en cuanto a distancia se refiere. No obstante, es común el hecho de que todos los pares deben salir del repartidor general (RG). Es común también, que todos llegan a la roseta del abonado desde un punto llamado caja de distribución. Es conveniente agrupar todos aquellos pares cuyos domicilios de destino se encuentren alejados (varios kilómetros) y en la misma dirección de la Central, en cables de gran capacidad de pares (van de entre 200 a 2400 pares). Pero como los ductos por donde van estos cables, al igual que su instalación y el propio cable multipar, requieren de una fuerte inversión inicial, los planes deben hacerse a largo plazo, (de 10 a 20 años). Si el crecimiento de la demanda se produjera en una zona no prevista en el plan, cosa que suele ocurrir con frecuencia, el tendido de cañerías y cables no podría satisfacer adecuadamente la nueva demanda, sin un fuerte costo adicional. Es por ello que el diseño de la red debe proporcionar un cierto grado de elasticidad o de flexibilidad. Esto es un problema particularmente delicado, pero la flexibilidad deseada se consigue, actuando sobre la red de distribución desde el punto en que se inicia el PE (o sea desde el RG) hasta la caja de distribución.

4. Flexibilidad

En general la solución para obtener flexibilidad de la red se realiza principalmente por dos métodos: multiplicación de pares y por seccionamiento de pares, (ganancia de pares). Cada Administradora recurrirá a uno de ellos o a ambos según sus conveniencias. Es de destacar que en el pasado, ENTel. recurría exclusivamente a la multiplicación de pares, mientras que

CAT a la distribución por armarios. Hoy, a pesar de la coexistencia de ambos sistemas, la tendencia es eliminar la multiplicación y tener una red totalmente seccionada con armarios, aunque hay excepciones (ver § 5.2). La razón: las señales digitales se ven fuertemente perjudicadas.

4.1 Multiplicación de pares

Este sistema consiste en la unión (empalmes) en paralelo de los pares en los puntos de ramificación del cable principal, de tal manera que un par que sale de la central termine en varios puntos de la red, sin que para ello sea necesario ningún trabajo u órgano adicional. Desde el punta de vista económico esta solución es excelente, pero no son pocos los inconvenientes que los pares en derivación ocasionan. En efecto, producen una degradación de la señal debido a la disminución de la corriente de voz, lo que es generalmente solucionado aumentando el diámetro de los conductores. Otro inconveniente es que se necesitan cables de mayor capacidad a partir de las derivaciones, con respecto a que si no hubiera multiplicación. Ambos inconvenientes se magnifican por que encarecen la inversión inicial. Finalmente, este sistema implica una menor ocupación de la relación par/km de la red.

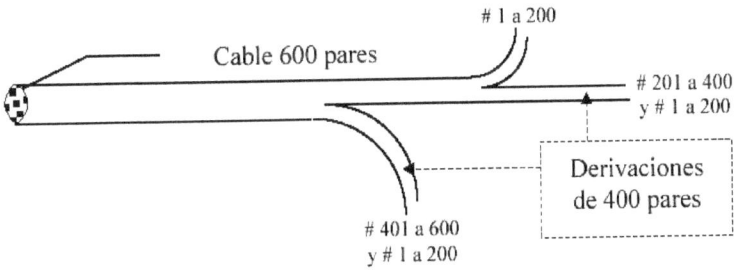

Figura V.2 Sistema "multiplicación de pares"

La figura V.2 esquematiza una posible forma de "ganar" pares; en un cable de 600 pares se ha logrado que los primeros doscientos pares (numerados del 1 al 200) tengan salida en tres puntos diferentes (se ganan 2x). La multiplicación de pares solo permite el uso de la red para comunicaciones vocales, ya que para transmisión de datos es tanta la degradación debida a la reflexión en los empalmes y en las "puntas", que no es posible un servicio de la calidad y velocidad requeridas.

4.2 Seccionamiento de pares

En este método, también contiene derivaciones pero sin que la suma de sus capacidades exceda la capacidad original del cable principal. Además, cada derivación finaliza en el elemento de Seccionamiento denominado sub repartidor o **armario**. De esta manera, la red queda dividida en partes claramente identificadas denominadas:

Red PRIMARIA   Desde el RG hasta el armario.
Red SECUNDARIA   Desde el armario a la caja distribución

El objetivo del armario es concentrar los cables de distribución de la red secundaria (secundarios) en un haz de cables que los una y los lleve a la central.

5. Red de dispersión

Además de las zonas primaria y secundaria, existe una tercera zona que va desde el punto de distribución o caja de distribución al domicilio del abonado que se denomina **red de dispersión.** Y puesto que es la zona que tiene mayor costo de conservación dentro del plantel exterior, debe diseñarse con una mínima longitud. Esta red se caracteriza por ser la que en las zonas de elevada cantidad de usuarios "cubre" el cielo con los "cables de bajada" color negro.

También en este sistema, puede suceder que el domicilio del abonado se encuentre relativamente cerca de la central telefónica. En estos casos puede prescindirse de los armarios de distribución y en consecuencia la red primaria y la red secundaria, conectando directamente el abonado a la central. La zona así determinada se denomina de *distribución directa* y comprende a los abonados dentro de un radio alrededor de la central de aproximadamente 500 metros. La determinación de esta distancia surge de un balance económico entre el ahorro de cable primario y el costo de instalación de los armarios.

5.1 Cables en la dispersión

Como son los elementos que vinculan el punto de distribución con el domicilio del abonado y dada de la heterogeneidad en la ubicación de los domicilios es posible que se utilicen todos los tipos de cables, es decir:

* Aéreo
* Enterrado
* Engrampado
* Subterráneo

Los puntos de dispersión se colocan de manera que los cables de bajada no superen los 40 metros de largo (entre caja de distribución y domicilio de abonado). Sin embargo por razones económicas puede que al final de una ruta muy alejada de la central, se admitan bajadas de hasta 300 metros excepcionalmente. Es importante insistir que la mayoría de las fallas se producen en los cables de bajada, como consecuencia de su exposición permanente a los fenómenos atmosféricos. Por esta razón las bajadas son circuitos que, si fallaran, deberán reemplazarse en su totalidad. No se admiten reparaciones. Por eso su limitada longitud.

5.2 Puntos de dispersión

Algunas veces se encuentra que los abonados existentes (y los potenciales) están muy alejados entre sí. Esto ocurre generalmente en zonas rurales o de baja densidad poblacional. Si la distribución se hiciera siguiendo las recomendaciones dadas en § 5.1 es posible que los cables resulten sobredimensionados o que los puntos de distribución se encuentren a gran distancia del domicilio del abonado (red de dispersión excesivamente larga). A fin de evitar esto, se recurre al llamado "sistema de puntos de dispersión" que consiste en servir con cables de 30 o menos pares y realizar una derivación, al domicilio del abonado desde un punto del cable (empalme) lo más próximo a él. Esto no es otra cosa que el "multiplicación de pares". La excepción que confirma la regla!

6. Distribución por armarios

Ya se dijo que esta forma de distribución se denomina seccionamiento de pares y que las Concesionarias en Argentina están empeñadas en lograrlo en el 100 % de su red.

Una red dimensionada con este método requiere establecer las áreas de sub repartición (es decir, las zonas que cubrirá cada armario) a la vez de ir fijando la conexión con la ruta principal rumbo a la central. Si bien es conveniente que esta zona tenga forma geométrica rectangular, no siempre es posible debido a la variedad de límites existentes y a lo aleatorio de la demanda. Se sugiere tener como lados de ese rectángulo, límites naturales como avenidas, calles, rutas, vías férreas, ríos, líneas de media y alta tensión, etc. A veces es conveniente tomar la mitad de una manzana como límite de una zona, en cuyo caso la acometida deberá hacerse con cables aéreos.

Es una norma que la zona de sub repartición se diseñe al denominado potencial de saturación (que es el 90 % de lo establecido en el plan fundamental a largo plazo, 10 o 20 años), a fin de compensar las variaciones de demanda prevista.

6.1 Capacidad de los armarios

Los armarios se fabrican de tres clases diferentes: 1400, 700 y 300 pares. Y para cada zona debe elegirse en función de la característica del cable primario que lo alimenta y de la densidad de abonados calculada. Así, si el primario es un cable subterráneo la capacidad del armario debe cumplir con las previsiones a tres años y si el cable es enterrado, se exige que cumpla las previsiones a 5 o 6 años. Obviamente por razones de costo de instalación del cable primario.

Se decía que ésta dependía también de la densidad de abonados, por eso se estima que la adopción de la capacidad de cada armario será:

Zonas de gran densidad   1400.p
Zonas de media densidad   700 p
Zonas de baja densidad   300 p

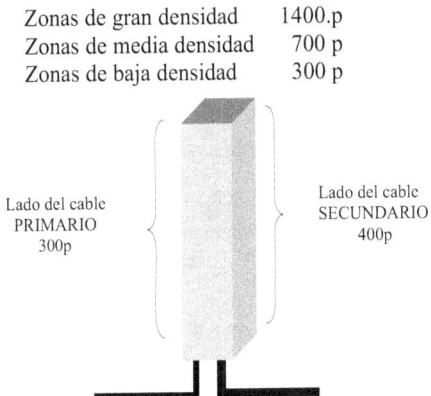

Figura V.3 Armario de distribución clase 700

Como se ve en la figura V.3 un armario dispone de dos "caras" que se denominan lados, y corresponden al lado primario y al lado secundario a donde llegan los respectivos cables. La cantidad máxima de pares del lado secundario es mayor que la cantidad máxima de pares del primario, lo que es razonable ya que por esa razón se consigue la flexibilidad. Por ejemplo un armario clase 700p, recibe 300p del lado primario y dispone de 400p del lado secundario. Es frecuente denominar "capacidad del armario" a la cantidad máxima de pares que puede recibir el lado primario.

Por varias razones, (técnicas, estratégicas, de seguridad interior, defensa civil, etc.) se deben prever pares libres para ser usados en casos extremos, por lo que no se ocupará la totalidad de pares del lado primario, sino que se dejará libre una cantidad igual al 10 % de la capacidad, como pares de reserva. En consecuencia, la ocupación final de cada armario será al 90 % de su capacidad. La tabla T2-V resume lo expresado.

Repartidor	Primario	Secundario	Ocupación Final
1400	600	800	540
700	300	400	270
300	100	200	90

Tabla V.T2

6.2 Ubicación de los armarios

El la práctica, los cálculos de gabinete solo sirven como guía de aproximación, ya que son las condiciones locales como la infraestructura edilicia, las características arquitectónicas de la ciudad, entre otras, las que determinan la ubicación de los armarios. La influencia de los costos de instalación a veces es mayor que otras razones, puesto que el largo de las cañerías es lo más oneroso y que su longitud varía conforme varía la ubicación del armario. Como una aproximación práctica es preferible ubicar el armario lo más cerca a la central y dentro del tercio de longitud del lado mayor del rectángulo de distribución

7. Red Secundaria

En § 4.2 se especificó la clara división que el armario provocaba en la red. La red secundaria deberá diseñarse teniendo en cuenta la demanda estimada a varios años adelante (frecuentemente a 5 años) de modo que la ocupación al final de la instalación sea un porcentaje inferior al 100 % de la capacidad final. Como un valor aproximado puede estimarse que en zonas urbanas o densamente pobladas (índice de ingresos altos), debe dejarse un 40 % para ampliaciones, mientras que en zonas periféricas (o de menores índices de ingresos) solo un 25 a 30 %.

A la red secundaria también la integran las denominadas "cajas de distribución", que son borneras con capacidad para 5p o 10p y que usualmente se colocan en postes o en lo alto de la fachada. De estas cajas nacerán los "cables de bajada" hacia la roseta de abonado. Esta parte de la red (bajada) se reitera, deberá ser la de menor longitud posible porque es ahí donde se producen las fallas que afectan a la calidad del servicio telefónico.

La longitud de la red secundaria suele limitarse a no más de 500-650 metros debido a las exigencias de calidad de la transmisión.

Otro elemento importante del plantel exterior es el cable, que según el tipo de instalación presenta numerosas características, capacidades y criterios de instalación. La capacidad, por ejemplo, prescindiendo del calibre puede ir de 10 a 2.200 pares como lo muestra la tabla V.T3.

Diámetro	Capacidad en pares											
0,40	10	20	30	50	100	200	300	600	900	1200	1800	2200
0,60				50	100	200	300	600	900			
0,90				50	100							

Tabla V.T3 Cable cilíndrico (espcif. N° 782)

7.1 Cable aéreo

Si bien existen una variada capacidad de cables, cada Concesionaria recomendará según su conveniencia las capacidades máximas permitidas, las que estarán en función del calibre del par. Así por ejemplo es común lo indicado en tabla T4-V

Capacidad	Diámetro [mm]
300	0,40
200	0,60
90	0,90

Tabla V.T4. Capacidad y calibre de cables aéreos

También existen criterios para la capacidad total de líneas aéreas, por ejemplo, no superar los 600p utilizando como máximo tres cables.

7.2 Cable en fachada

A veces es conveniente instalar el cable secundario engrampado en las paredes de las fachadas, lo cual se recomienda tenderlo en forma horizontal (o vertical en las subidas) desde el armario hasta la caja de distribución. En todos los casos es recomendable no superar los 50p por cable. También se aconseja la altura mínima (2,80 m) y la protección de las subidas hasta los 2,50 m. Como generalidad, es conveniente respetar la arquitectura de las fachadas para su instalación.

7.3 Cable enterrado

Es una solución muy difundida en zonas de vientos de gran intensidad o de grandes nevadas. Un inconveniente es el daño producido por roedores o por excavaciones de terceros. Se puede disminuir estos riesgos usando cables con protección mecánica o enterrarlos a mayor profundidad (1 metro).

Desde el punto de vista económico es aceptable dado su bajo costo de instalación y mantenimiento, pero en caso de deterioro su reparación es más costosa, por lo que la existencia de muchos "pares muertos" es nociva. (los pares muertos se originan al realizar reservas que no tengan un objetivo a largo plazo).

La capacidad máxima recomendada para cables enterrados es de 400p (dos cables de 200p) en diámetro 0,60 mm.

8. Red Primaria

Esta red se proyecta a largo plazo considerando que al finalizar la obra se encuentre ocupada en un 70 % en zonas urbanas y del 80 % en las de menor densidad poblacional (y por ende, menor demanda esperada). En el primer caso puede ocurrir que se prevea la construcción de complejos habitacionales grandes, industria, centro comercial, etc, por lo que la demanda estimada será grande.

Se dejarán pares de reserva (reserva estratégica, porque visualiza un objetivo de ocupación determinado) pero no deberá superar un 5 % de la capacidad del cable.

Por las razones expuestas en § 6.1 se podrán dejar pares de reserva los que constituirán los denominados pares muertos.

8.1 Cables en la red primaria

La red primaria deberá tener siempre sus cables en cañerías o enterrados. No obstante, algunas administradoras por razones de fuerza mayor (fuerte inversión) permiten cables aéreos

Se suele instalar cables aéreos en zonas donde se prevea el crecimiento de la demanda muy bajo.

La red de distribución directa se toma como primaria desde el momento que llega al repartidor general y lo hace con cables subterráneos, los que deberán estar presurizados hasta una capacidad de 100p. Para mayores capacidades se recomienda cables rellenos.

Como siempre, el uso de cables aéreos supone considerables gastos de mantenimiento, que solo se justifican si son líneas de postes compartidos, (es decir que coexistan cable primario y secundario, en razón de la preexistencia de uno de ellos).

9. Calibre de los cables

El objetivo de calidad es tener una buena transmisión a través de la línea telefónica. Como se vio en §2 del capítulo IV la atenuación ideal en el loop (bucle) de abonado es de 8,6 dB valor que se deberá buscar como límite en el diseño de la línea. Otro parámetro a cumplir para estar dentro del objetivo de calidad es la resistencia óhmica del bucle, que es de 1000 **ohm** (algunas administradoras pueden tomar más o menos ese valor). Ambos parámetros de calidad deben ser medidos a una frecuencia de prueba (por lo general 800 Hz). A modo de ejemplo ENTel. recomendaba 800 **ohm** como el valor de $R_{máx}$.

Para la obtención de los objetivos de calidad se deberá actuar sobre el único parámetro flexible: el diámetro (o calibre) del cable. Es así que se denomina cálculo de redes por resistencia, al procedimiento que permite dimensionar el calibre de los cables a partir de su resistencia. Entonces, una vez determinada la máxima distancia entre el repartidor general y la roseta de abonado se calcula la resistencia del bucle R [**ohm**] y se verifica la atenuación G[dB] para cada uno de los cables que forman el PE. Para el cálculo se recomienda usar lo máximo posible el cable de 0,40 (razones económicas, obviamente!).

Otra restricción impuesta por alguna de las Administradoras es que la combinación de calibres solo se permitirá en los cables de la red primaria, no así en las otras. Es frecuente que tampoco se admitan saltos en los calibres (de por ejemplo de 0,40 a 0,90).

En los ejemplos siguientes se ponen en práctica estos principios.

Ejemplo V.1

Se desea calcular el calibre de los cables de la red para que cumpla con los objetivos del plan de transmisión y sea económicamente conveniente.

Datos:

$R_{máx}$ = 800 **ohm** $G_{máx}$= 8,6 dB

distancias [expresadas en metros entre:]

Repartidor General y armario   2.125 [m]
Armario y caja de distribución   400 [m]
Bajada   25 [m]

Se debe tener en cuenta que los parámetros del bucle serán el doble de las distancias de los datos, (porque es precisamente un bucle). Así las distancias para el cálculo, expresadas en Km son:

$$L_1 = 4,25 \ [Km]$$

L_2= 0,80 [Km]

L_{12}=5,05 [Km] que es lo que debe hacerse en 0,40

L_D= 0,05 [Km] indefectiblemente en 0,90

Teniendo en cuenta los valores dados en T1-IV que se repiten por comodidad:

Calibre	Diámetro [mm]	Resistencia [Ohm/Km]	Atenuación [dB/Km] *
26	0,40	133	0,87
22	0,60	52	0,58
19	0,90	26	0,38

Tabla V.T5 Capacidad y calibre de cables aéreos

El cálculo por resistencia resulta

5,05 · 133 + 0,05 · 26 = 671,25 + 1,3 = **672,55 ohm**

La verificación por atenuación:

5,05 ·0,87 + 0,05 ·0,38 = 4,39 + 0,02 = **4,41 dB**

valores que están dentro de los límites de calidad.

Ejemplo V.2

Supongamos que se desee calcular el calibre de la red para comunicar un Country ubicado a 5,5 Km de la central. Se proyecta instalar el armario de distribución a la entrada de la finca y se estima en 650 metros la distancia desde el armario al abonado más distante. La red de dispersión se hará subterránea con cable de 0,60 usando el sistema de puntos de dispersión y no más de 100 metros desde el empalme. $R_{máx}$ = 1000 **Ohm**.

La longitud del bucle en cada parte será:

L_1= 11,00 Km

L_2= 1,30 Km

L_{12}=12,30 Km que es lo que puede hacerse en 0,40

L_D= 0,10 Km indefectiblemente en 0,60

El cálculo por resistencia resulta

12,30 · 133 + 0,10 · 52 = 1635,9 + 5,2 = **1.641,1 Ohm** que excede ampliamente los 1000 **Ohm**. A fin de solucionar este problema se puede poner calibres combinados de 0,40 y 0,60. Convenimos en partir el primario en dos tramos de 3 y 8 Km.

L_1=3,00 Km   0,40

L'_1= 8,00 Km   0,60

L_2= 1,30 Km 0,60

L_D= 0,10 Km indefectiblemente en 0,60

3,0 · 133 + (8,00 + 1,30 + 0,1) · 52 = 399 + 488,8 = **887,8 Ohm**

El cálculo de la atenuación es:

3,0 · 0,87 + (8,00 + 1,30 + 0,1) · 0,58 = 2,61 + 5,45 = **8,06 dB**

Valores aceptables.

La tabla V.T5 resume lo calculado

Red	Distancia	Calibre	Resistencia	Atenuación
	[Km]	[mm]	[ohm]	[dB]
Prima-	3,00	0,4	399	2,61
Ria	8,00	0,6	416	4,64
Secundaria	1,30	0,6	67,6	0,75
Dispersión	0,10	0,6	5,2	0,06
Total	12,40		887,8	8,06

Tabla V.T5 Cálculo del calibre de los cables

Ejemplo V.3

Se deja como ejercicio para el lector probar con $L_1 = 4,25$ (0,40) y $L'_1=6,75$ (0,60). Deberá tenerse en cuenta también que el empalme entre los dos calibres es conveniente que se produzca en un lugar de cómodo acceso (cámara) a fin de poder realizar las operaciones de mantenimiento con más facilidad.

10. Centro telefónico

Es el punto para el cual la ubicación de la central ofrece la mínima relación par/Km ya que esta representa la cantidad de cobre requerido y por lo tanto da una idea del costo de la instalación. Los datos para el cálculo se extraen de los pronósticos de la demanda a largo plazo 10 o 20 años.

La ubicación del centro telefónico (CT) se realiza ponderando cada manzana de la zona bajo análisis, con la cantidad de abonados pronosticados. Se realiza la suma en forma vertical y luego en forma horizontal, calculando la resultante correspondiente como si fuesen cantidades vectoriales. La intersección de las líneas de acción de ambas resultantes indicará la manzana donde se ubicará el centro telefónico ideal. La figura V.4 ilustra el procedimiento.

Si acaso ya hubiera cañerías instaladas en la zona, la intersección de todos esos ductos representaría el punto denominado centro alámbrico (CA). El centro ideal está relacionado con los dos puntos anteriores (CT y CA) en el sentido de que éste deberá tener en cuenta la disponibilidad y la posibilidad de adquisición del terreno para la central.

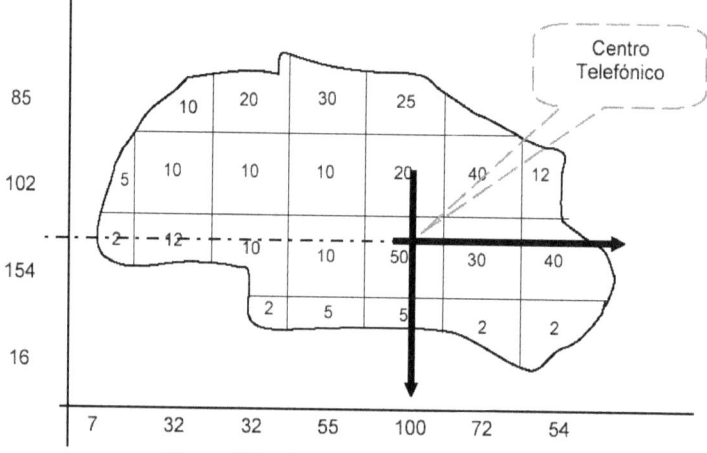

Figura V.4 Ubicación del Centro Telefónico

11. Precauciones con líneas de energía eléctrica

El paralelismo de líneas de alta tensión con los cables aéreos de telefonía es altamente peligroso para el operario que trabajare en el plantel y sumamente degradante de la calidad de la transmisión, debido a las perturbaciones que provoca en la conversación de los abonados. Cuando el paralelismo es inevitable, deberá cablearse por la vereda opuesta.

Los cruces perpendiculares pueden hacerse solo con líneas de hasta 33KV mientras que para tensiones superiores los cruces deben hacerse en forma subterránea.

Referencias Bibliográficas

BELLAMY, JOHN. *Digital Telefhony* cap II.. Ed John Wiley & Sons. 2000.

REVISTA TELEGRÁFICA ELECTRÓNICA. Números 872 y 883

SCARPA – PINTOS **ENTel.** Curso Post Grado en Telecomunicaciones UBA. Ed. ENTel. 1987

TELECOM. *Red de Acceso*. Ed. Telecom. 2005.

-VI-
REDES TELEFÓNICAS Y NUMERACIÓN

1. Generalidades

En el estudio de una red de larga distancia se deben tener presente los tres planes básicos:

- de enrutamiento y los valores de tráfico.
- de conmutación y la señalización (numeración) asociada.
- de transmisión y la predicción de crecimiento.

El intercambio de estos objetivos con la economía es probablemente la parte más importante de la planificación inicial y diseño del sistema.

La conmutación es la que mejora las facilidades de transmisión. Desde el punto de vista económico, sería deseable que los equipos de transmisión fueran adaptables a la carga de tráfico, pero es bien conocido que la flexibilidad se consigue gracias a la conmutación.

Se puede definir una red de telecomunicaciones como el método para conectar centrales de conmutación, de tal manera que un abonado cualquiera pueda conectarse con otro, haciendo uso de esa red. Si suponemos que los abonados se encuentran conectados a su central local más cercana, el problema consiste en buscar la forma más eficaz de conectar esos abonados entre sí. Existen en telefonía tres formas convencionales de conexión:

- malla.
- estrella.
- estrella de mayor orden.

La mayoría de las configuraciones son un compromiso entre las dos primeras.

2. Estructura de la red telefónica

Sabemos de la necesidad que existe de que cada par de abonados estén conectados físicamente entre sí para realizar la comunicación. También conocemos la imposibilidad práctica y económica de que esa conexión esté permanentemente disponible para todos los usuarios de un área determinada, ya que la cantidad de enlaces físicos m crece con el número N de abonados según:

$$m = \frac{N(N-1)}{2}$$

Pero si esta conexión solamente estuviera disponible el tiempo que dura la conversación, sería sumamente eficaz. El sistema que consigue tal mejora es la central de conmutación, en donde se realizan los procesos que permiten el establecimiento, mantenimiento (conversación) y la liberación del circuito.

Cuando por razones de aumento de la cantidad de abonados, es necesario instalar varias centrales en una misma área, es preciso también conectar las centrales entre si, configurando una red; para posibilitar que todos los abonados puedan establecer libremente sus llamadas a cualquiera del resto.

La topología de la red dependerá de factores sociales culturales y económicos, ya que ellos configuran la forma de distribución de la población.

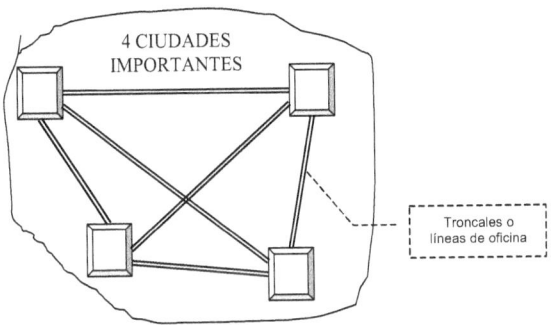

Figura VI.1 Red tipo malla. 4 ciudades con alto tráfico entre ellas

Supongamos un país o área geográfica con varias ciudades importantes, relativamente cerca unas de otras (fig. 1-VI) y con un elevado intercambio (tráfico telefónico) entre ellas. Una red tipo **_malla_** (todas contra todas) sería adecuada ya que, tráfico alto y distancias pequeñas, haría que el costo de **_m_** enlaces físicos cortos no fuera tan grande. Las redes urbanas adoptan este tipo de configuración. Dentro de estas redes urbanas se engloban los circuitos de abonado y los enlaces entre centrales locales (pertenecientes a la misma área) que generalmente transmiten en banda base o en baja frecuencia. Normalmente están constituidos por pares de conductores que, al agruparse forman el conocido y ya mencionado cable multipar.

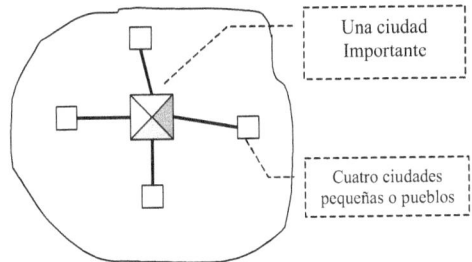

Figura VI.2 Red tipo estrella. Una ciudad importante rodeada de cuatro de menor importancia

En cambio, en los casos de tráfico pequeño y distancias grandes, o de una única ciudad importante rodeada de pueblos con escasa población (figura VI.2) es conveniente una red tipo **estrella**, donde una de las centrales hace de punto nodal.

Así se proporciona enlaces entre centrales ubicadas en ciudades diferentes, constituyendo la red interurbana, donde los circuitos físicos están formados por fibra óptica, radio enlaces, coaxiales, etc.

Debido a la gran cantidad de usuarios y al elevado tráfico telefónico que una red ha de soportar, hace que sea necesario agruparlos por áreas geográficas y hacerlos depender de varias centrales de conmutación, conectadas entre sí o a través de otras, mediante una red tipo malla o tipo estrella. Y dado que el número máximo de usuarios que una central admite es limitado, mayor o menor dependiendo de su categoría, es necesario, una vez que éste se supera, el concurso de más centrales de conmutación para atenderlos. En realidad, con las nuevas tecnologías esta limitación ya no es tal – en teoría la capacidad de las nuevas centrales digitales es infinita – pero como el plantel exterior es existente, se siguen los lineamientos convencionales para esta descripción. Aparece así el concepto de "jerarquía". Cuando la cantidad de estas centrales es grande, se necesitan, a su vez, otras centrales de mayor nivel, para gobernar la comunicación entre ellas.

3. Red Jerárquica

Las redes jerárquicas se desarrollaron (Recomendaciones de la serie Q) para sistematizar los conceptos anteriores, reduciendo las salidas (y entradas) de los grupos troncales de un conmutador, a una cantidad razonable. Permitiendo así el manejo de altas intensidades de tráfico en las rutas donde sea necesario, a la vez de posibilitar la existencia del tráfico de desborde. La figura VI.3 muestra la estructura de una red estrella de cierto *orden*. Aquí el término "orden" tiene un significado y conduce a la explicación del título.

En una red jerárquica se pueden tener varios niveles, pero cada central de un nivel determinado, depende de otra de nivel superior. Por razones de seguridad se tiende a conectar a más de una, asegurándose así el establecimiento de rutas entre usuarios.

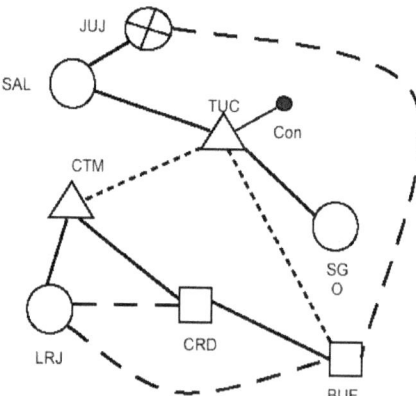

Figura VI.3 Red jerárquica telefónica típica

Para resolver el problema de comunicación entre dos usuarios del mismo nivel jerárquico, que provoca que haya que escalar toda la estructura, se utilizan enlaces que constituyen lo que se denomina red complementaria, directa o de alto uso, también usada para unir centros de distinta jerarquía, pero que por el volumen del tráfico, así lo requieran.

La red jerárquica de la figura VI.3 tiene niveles asociados a los órdenes de importancia de las centrales que la constituyen, y ciertas restricciones con relación al flujo de tráfico. Por ejemplo, tiene cuatro niveles o rangos. El de mayor rango se denomina "centro cuaternario" (cuadrado); el rango siguiente "centro terciario" (triángulo); el "centro secundario" (circulo); "centro primario" (circulo cruzado). Nótese las restricciones (o reglas) que rigen el tráfico, por ejemplo para ir desde el centro primario **SAL** al centro cuaternario **CRD** deberá fluir por el centro de mayor jerarquía **TUC**. Notar también que el centro primario **JUJ** tiene una ruta directa al centro cuaternario **BUE** (línea de trazos) sin necesidad de fluir por su inmediatos superiores. A este tipo de rutas se las denomina *"rutas de alto uso"* o *"rutas de primera selección"*. El círculo negro **Con** simboliza una central local tributaria del centro **TUC**. En este caso, todo el trafico de esta central a otros centros, necesariamente debe pasar por TUC.

Desde el punto de vista interurbano a cada central urbana (o central local) se la denomina central tributaria y es a la cual se conectan todos los abonados de una cierta zona. Se agrupan varias de ellas y se las conecta a una en particular sobre la cual converge el tráfico del área y que será la encargada de expedir y efectuar las conexiones interurbanas, llamado CENTRO PRIMARIO. Ver figura VI.4.

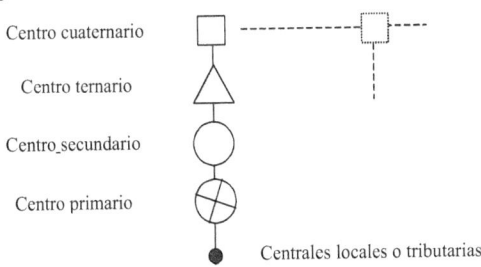

Figura VI.4 Columna vertebral de una red jerárquica según Recomendación Q13

Una vez determinados los intereses de tráfico, de acuerdo a éste, varios centros primarios se conectan a otro que tendrá una categoría o jerarquía superior, denominado CENTRO SECUNDARIO. De forma similar varios centros secundarios se agrupan y conectan a otro centro de mayor jerarquía denominado CENTRO TERCIARIO. Estos a su vez se conectan al centro de mayor jerarquía de la red, denominado CENTRO CUATERNARIO.

Se llega a una red jerárquica esquematizada en la figuras VI.5 y VI.6 mediante trazo lleno que se llama red básica y obligatoria o de baja pérdida. Los enlaces de esta red nunca deben faltar para así poder asegurar siempre un camino entre dos abonados cualesquiera, conectados a ella, calculando para éstas una pérdida no mayor a 0,01. Las líneas de trazo representan las rutas de alto uso también llamadas rutas directas cuyo diseño responde a necesidades económicas y sociales de las poblaciones involucradas en cada centro. La columna vertebral de una red jerárquica es la alineación vertical y hacia abajo desde el centro cuaternario hasta las centrales tributarias, como lo muestra la figura VI.4 siendo las troncales que las enlazan lo que se denomina ruta final.

Este sistema permite un enrutamiento también jerárquico que facilita el diseño de los sistemas de conmutación y enrutamiento, ya descrito. La recomendación Q13 especifica las reglas básicas para ese enrutamiento (mencionadas en § 4), y define "Ruta Final" a aquella por la cual no puede haber desborde de tráfico hacia una ruta alterna de modo que la llamada que no se puede cursar, se pierde.

También define "Ruta de Alto Uso" a cualquiera que no sea final y pueda enlazar centros de nivel diferente a su inmediato superior o a dos centros cuaternarios entre sí.

No obstante esta recomendación y su puesta en práctica en todo el mundo (UIT en Europa y AT&T en Norte América), la tendencia actual es a reducir a solo dos las categorías de los centros jerárquicos.

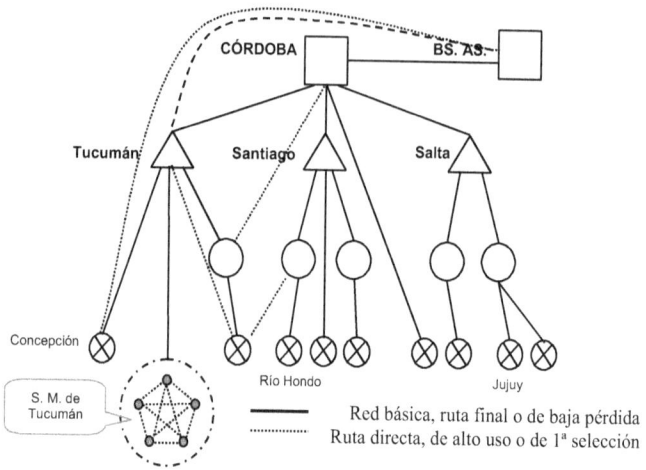

Figura VI.5 Estructura de una red jerárquica

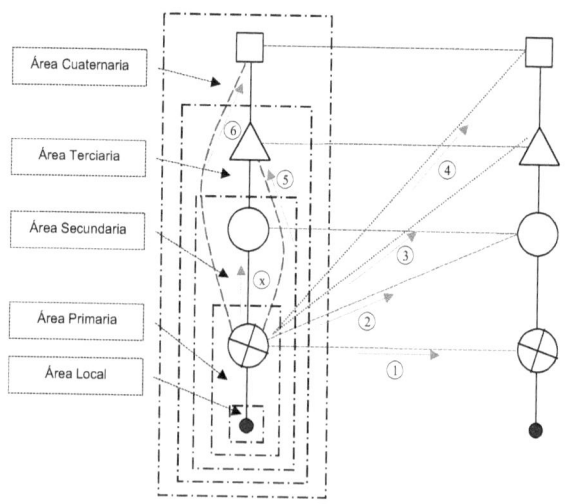

Figura VI.6 Red jerárquica – Áreas y rutas de encaminamiento

La figura anterior esquematiza la estructura jerárquica de una red según UIT-T donde puede advertirse la cobertura de cada rango de áreas. También se ha supuesto el encaminamiento de una llamada entre dos abonados que dependen de centros primarios y de columnas diferentes. La regla se aplica para enlaces entre centros de cualquier jerarquía así:

1 enlace directo del centro origen al centro destino

2 al centro inmediato superior del que depende el destino.

3 al centro de categoría dos veces superior del que depende el destino.

4.al centro de categoría tres veces superior del que depende el destino.

5 al centro de categoría dos veces superior del que depende el origen.

6 al centro de categoría TRES veces superior del que depende el origen.

x ruta final o de última selección.

Las numeradas de 1 a 6 son las denominadas rutas de primera selección.

4. Encaminamiento

Son dos los requisitos fundamentales para la arquitectura de la red que tienen influencia en la estrategia de encaminamiento, estos son: eficiencia y flexibilidad. Se tiende a minimizar la cantidad de órganos pero teniendo en cuenta que los mismos deberán absorber la carga de las horas pico, esto es eficiencia. La flexibilidad se refiere a que si temporalmente el tráfico supera las mediciones de la hora pico, ya sea por fallas o por eventos extraordinarios (catástrofes, meteoros, etc) es deseable que la red proporcione un nivel de servicio razonable incluso en tales condiciones, y no que se vea repentinamente bloqueada. La solución de compromiso entre eficiencia y flexibilidad la proporcionan las redes jerárquicas aunque la tendencia actual es a reducir la cantidad de jerarquías al mínimo, pasar de una pirámide a un plano.

5. Plan de Numeración

La numeración es la base de control de todas las selecciones que debe(n) realizar la(s) central(es) para la conexión entre dos abonados cualesquiera. El **"número de abonado"** es la información que sirve a cada central para buscar el encaminamiento de la conexión hacia él y determinar la tarifa a aplicar.

En las actuales redes telefónicas cuyas dimensiones alcanzan zonas tan grandes como países, continentes, y hasta todo el "globo", el plan de numeración se hace cada día más importante y complejo.

La **UIT-T** (ex CCITT) dedica parte de la serie **Q** a las recomendaciones inherentes a la numeración nacional e internacional, y tienen por finalidad uniformizar los criterios para la utilización de los dígitos, buscando proporcionar conexiones rápidas, confiables, de alta calidad de transmisión y de *costo razonable*, sin crear problemas de índole técnica ni ofrecer dudas en la marcación, al usuario. A su vez cada Administración en particular, adopta en su caso las condiciones más ventajosa para su sistema de explotación, buscando dar cierto grado de flexibilidad para que pueda adaptarse a requerimientos futuros, muy difíciles de pronosticar en la actualidad.

A fin de que los países puedan integrarse satisfactoriamente a las comunicaciones internacionales existe una serie de recomendaciones, de las que las más relevantes se transcriben a continuación.

1) El abonado deberá ser llamado internacionalmente marcando siempre el mismo número.

2) El análisis de la menor cantidad de cifras permitirá el encaminamiento más económico del tráfico internacional de entrada.

3) Ese mismo análisis permitirá reconocer las diferentes zonas de tasación.

4) **La cantidad máxima de cifras significativas del número internacional no podrá exceder de 13 (trece).**

5) En el servicio internacional no debe marcarse el prefijo de acceso al servicio nacional del país solicitado (prefijo de larga distancia, o prefijo interurbano "0").
6) Se recomienda que el prefijo antes mencionado sea de una sola cifra.

6. Sistemas de numeración

El sistema de numeración es uno de los factores que caracteriza a un sistema de selección ya que en él se especifican las normas que permitirán a un abonado común, establecer desde su aparato telefónico comunicaciones interurbanas (larga distancia dentro del territorio nacional) y comunicaciones internacionales en forma totalmente automática. Son varios los criterios que se sustentan en este campo, pero pueden separarse dos tipos de numeración: numeración cerrada y numeración abierta. Antes de describirla, recordaremos que las Recomendaciones E 160, E 161, E 162 denomina:

central local:	central o centro de conmutación automática.
área local:	área de una sola localidad servida por 1 o más centrales.
área simple:	localidad servida por una sola central local.
área múltiple:	localidad servida por más de una central local

6.1 Numeración cerrada:

En este sistema se toman varias localidades y se las agrupa formando lo que se denomina área de numeración cerrada porque a cada abonado se le asigna un número que lo identifica unívocamente de modo que cualquier otro abonado de esa misma área deberá marcar dicho número, incluso si pertenece a la misma central del destino. Por lo general ese número es el que aparece en "Guía". Por ejemplo **4 25 1234** es un abonado de la central YB; y el **4 37 9999** es abonado de la central VMM. Una comunicación entre ellos requeriría marcar únicamente esos mismos números.

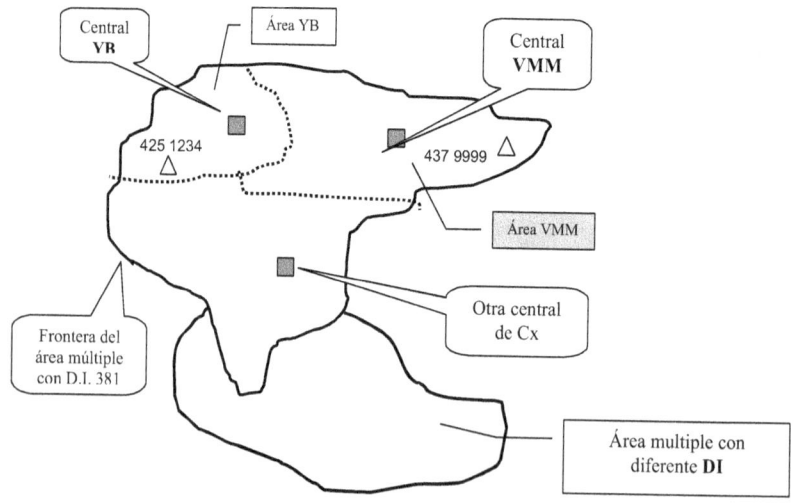

Figura VI.7 Àrea de numeración cerrada

69

Sin embargo, si el área de numeración cerrada abarca una gran extensión geográfica, como por ejemplo la región del NOA, la cantidad de abonados resultaría tan grande que sería necesario aumentar los dígitos del número. En esos casos conviene hacer subzonas e identificar a los abonados con los primeros dígitos a manera de **distintivo o característica.**

Supongamos que la figura VI.7 representa una área cerrada cuyo distintivo es 381; entonces el abonado tendría el número 3814251234 y ése sería el que todos deban marcar para llegar a él, aun cuando sean abonados de la misma central. Si éste quisiera llamar a un abonado de la central VMM debería marcar, por ejemplo 3814379999. Observe que son 10 cifras y no van precedidas del "0" como acostumbramos en la práctica. El inconveniente es que son "muchos" dígitos en franca contradicción con el objetivo de que esa cantidad debería ser mínima. Por eso este sistema no se aplica aisladamente. Ver §7.5.

6.2 Numeración abierta:

Aquí, el número de abonado solo es válido para un área limitada, de modo que los que llamen a él desde la misma central deberán marcar únicamente el número 4251234. Pero para comunicarse desde un abonado de otra área, se deberá marcar un dígito llamado prefijo (en nuestro país el "0"), luego la característica de la localidad o distintivo interurbano y recién el número de abonado. Así Concepción y el Gran San Miguel de Tucumán forman, ambas localidades, un área de numeración abierta, siendo cada cual por separado un área de numeración cerrada. La figura VI.8 ilustra este caso. Por ejemplo, un abonado de Concepción, cuyo número aparece en guía como 415275, para llegar a nuestro abonado en Yerba Buena, debería marcar **0 381 425 1234**. Observe que el número de abonado de cada uno de estos contiene diferente cantidad de cifras, porque ésta cifra está en función de la capacidad de la central. Sin embargo la cantidad de cifras del número completo, podríamos llamarlo número nacional, es **siempre diez** para todos (el "0" no se cuenta porque no es parte del número).

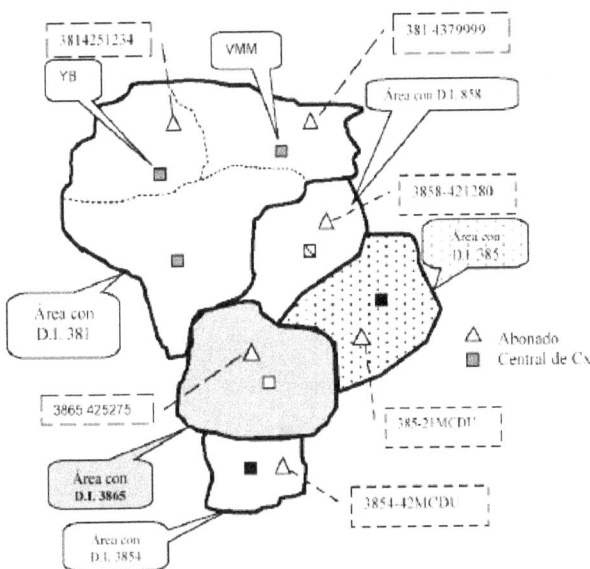

Figura VI.8 Área de numeración abierta

En el sentido inverso, esto es, desde nuestro abonado de YB al de la región sombreada, debería marcar: 0 3865 41-5275.

Se trata entonces de una zona con varias áreas cerradas donde cada una de éstas está compuesta por una sola área local. Es el caso de Argentina. Es interesante resaltar que toda la extensión del país está dividida en regiones y que cada una de ellas unívocamente identificada por el distintivo interurbano (o característica nacional) y que para una llamada "urbana" es mínima la cantidad de dígitos a marcar. Y que para una llamada interurbana (no urbana) se debe marcar previo al distintivo interurbano y previo al número de abonado el prefijo "0" de salida. Esto se hace para informar a la central que los primeros dígitos a marcar corresponden al distintivo interurbano.

7.- Distribución de los Distintivos Interurbanos

7.1 Distribución irregular

La asignación de estos puede hacerse repartiendo los mismos libremente sin estar sujetos a ninguna norma, más bien cronológicamente, a medida que las diferentes localidades van accediendo al sistema de telediscado, también llamado DDN (discado directo nacional). La ventaja es que ahorra en tareas de planificación, pero pone más exigencias a la conmutación.

7.2 Distribución regular

Si ahora, en cambio la asignación es coordinada con un Plan de Red, exigirá mayor esfuerzo al planificar, pero simplificará la técnica de conmutación, ya que las primeras cifras del distintivo determinarán inmediatamente la dirección hacia las respectivas áreas y así comenzar el establecimiento. Esta forma consiste en asignar el primer dígito del distintivo a una región particular, y el siguiente a una determinada área dentro de esa región, y el próximo a una parte dentro de esa área, etc., etc.

7.3 Distribución Uniforme

Si tenemos en cuenta la cantidad de cifras que deben marcarse se puede clasificar en uniforme cuando para alcanzar a cualquier abonado se marca siempre la misma cantidad de cifras.

7.4 Distribución No Uniforme

Si por el contrario la cantidad de cifras marcadas para llegar a distintos abonados es diferente, se trata de numeración no uniforme. Al emplear numeración abierta es necesario tender a que tanto los distintivos interurbanos, como los números individuales de abonado tengan una cantidad uniforme de dígitos. Más aun, es conveniente que ambos números mantengan constante la suma de su cantidad de cifras. Así las poblaciones con gran cantidad de abonados tendrán números de abonados con muchos dígitos y distintivos con pocos dígitos, y viceversa.

7.5 Conclusión

Desde el punto de vista del abonado, es preferible que su número tenga la menor cantidad de cifras posible y a la vez que sea capaz de cursar todo el tráfico previsto. Por eso es conveniente aplicar el sistema de numeración cerrada a pequeñas áreas definidas por mutuos intereses económicos, sociales, culturales, de las comunidades de esa área. Estas zonas de interés están delimitadas, por lo general, por la llamada red urbana. Entonces, salvo raras excepciones, este sistema es el adoptado por la mayoría de las redes urbanas de todo el mundo. Pero, la complicación técnica de los equipos de conmutación (selecciones adicionales) que esto supondría, la aplicación de numeración cerrada a grandes extensiones geográficas, como nuestro país o el mundo, inciden para que se adopte en estos últimos casos la numeración abierta.

8. Área Nacional

El territorio de la República Argentina se ha dividido en un conjunto de áreas de numeración cerrada, denominadas <u>áreas primarias</u>, que agrupan áreas urbanas de una o más centrales, de manera similar a lo esquematizado en la figura VI.7. Estas centrales, desde el punto de vista interurbano se denominan <u>tributarias</u>.

Ya se vio en § 6.1 que en este tipo de numeración, cada abonado tiene un número "intra área" individual (el mismo que aparece en guía) y que es lo único que hay que marcar para comunicarse con cualquier otro teléfono perteneciente a esa área. En este caso se trata de **"llamadas urbanas"**. Pero si el teléfono al que se llama está fuera del área de numeración cerrada de origen, la llamada es considerada **interurbana** o de larga distancia. En tales casos antes del número destino se debe interponer el prefijo interurbano ("0"), seguido del distintivo interurbano. Se deduce así, que <u>en el ámbito nacional el sistema es de numeración abierta</u>.

9. Número Local

Cada abonado debe tener un número particular e inconfundible que lo distinga de los demás, por eso también es llamado número individual. Es el que le corresponde a cada abonado dentro de su central o área propia. Así, al principio de la telefonía, la cantidad de cifras del número local estuvo determinado por la capacidad de la central a la que perteneciera. En la actualidad, las centrales prácticamente no tienen límite para tal capacidad y sin embargo se sigue manteniendo el criterio de que en áreas múltiple se destaque la pertenencia a tal o cual central mediante las cifras de "característica de central".

En las centrales electromecánicas, se consideraba a 10.000 como la cantidad máxima de abonados que razonablemente podía manejar la conmutación. De ahí que un número local de cuatro cifras correspondía a una central típica, y se los designaba genéricamente con las letras M, C, D, U que indicaban 'miles', 'centenas', 'decenas' y 'unidades' tal como:

M C D U

Cuando en un área existían más de 10.000 abonados era necesario la existencia de más de una central. Y si cada una tenía su numeración local completa y uniforme, indefectiblemente los número de abonado se debían repetir en cada central. Para hacerlos distinguibles entre sí hubo que asignar uno o más dígitos – característica – a cada central. Estos dígitos que al principio se estimaron en dos hoy, ya pueden llegar a ser cuatro y se llaman W, X, Y, Z, de modo que el número local puede tomar alguna de las formas que siguen:

YZ	MCDU
XYZ	MCDU
WXYZ	MCDU

Figura VI.9 Estructura del número de abonado "local"

Obviamente, estos números corresponden a abonados de áreas, según la figura IV.8, de menor a mayor capacidad. El primer dígito que se marca es el que aparece a la izquierda. Pero a partir del año 1.999 es fijo, de valor "4" (ver figura VI.11). Entonces el número local, o sea el número que aparece en guía, el número que deben marcar los abonados conectados a la misma central para llegar al destino, pasó a tener la "apariencia" según el caso:

4 Z M C D U

4 Y Z M C D U

4 X Y Z M C D U

9.1 Restricciones al primer dígito

No existen restricciones para todos estos dígitos, excepto para el primero, que no puede tomar, por razones técnicas, los valores "1" o "0". Es porque que el '1' (uno) genera un impulso decádico que al principio de la marcación suele producir falsos impulsos, de modo que se los afectó a los servicios especiales, por lo general gratuitos; ejemplos:

100 Bomberos - 112 Comercial - 101 Policía - 113 Hora oficial
110 Guía - 114 Reparaciones

La asignación del "1" a servicios especiales es potestad de cada administración, recordemos que en EE.UU. emergencia es 911.

El "0" (cero) se ve restringido por que es el prefijo de salida interurbano. Estas dos restricciones, reducen la capacidad del área pero que en realidad no traen aparejado mayores inconvenientes.

10. Número Nacional

Como en un país, por ejemplo Argentina, al existir varias áreas de numeración cerrada, los números individuales se repetirían, para evitarlo y para poder interconectar esas áreas, permitiendo la llamada automática entre las mismas, se asignaron cifras de característica de área a cada una de ellas. Ésta se llama <u>símbolo</u> <u>nacional</u>, <u>característica</u> <u>nacional</u> o <u>distintivo</u> <u>nacional</u> tal como se adelantó en § 6.2. y consta de dos o más cifras, denominándolos N_1, N_2, N_3 N_4.

Como se trata de numeración uniforme, conforme lo recomienda la UIT todas las áreas tendrán un número nacional de igual cantidad de cifras, que para nuestro país es de 10 (diez). Y dado que hay áreas con elevada cantidad de abonados, como el Área Múltiple Buenos Aires, que requieren más cifras en el número de abonado, más otras de relativa baja densidad, caso del área Miramar (o Concepción), que requieren de menos cifras en el número local, el distintivo interurbano aumentará de cifras en éstas y disminuirá en aquellas.

$N_1 N_2 N_3 N_4$	4ZMCDU
$N_1 N_2 N_3$	4YZMCDU
$N_1 N_2$	4XYZCMDU

Figura VI.10. (Estructura del número de "nacional")

En consecuencia, los abonados por zona tendrán un número nacional tal como el mostrado en la figura VI.10.

El dígito N_1 no puede tomar el valor '0' porque se ha establecido que el prefijo de acceso internacional sea "**00**". Pero además, esa cifra se utiliza para identificar las áreas o zonas de explotación ya que a partir de la privatización del servicio telefónico en 1989, el país se dividió en tres zonas de explotación como lo indica la figura VI.11:

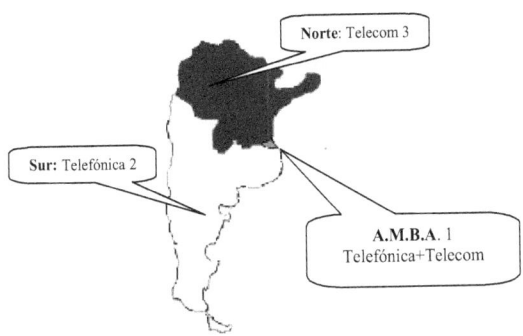

Figura VI.11. (Zonas de las prestadoras de telefonía en R.A.) * A.M.B.A. = Area Múltiple Buenos Aires

- zona Norte, atendida por Telecom. Zona 3.
- zona Sur atendida por Telefónica. Zona 2.
- zona Ciudad de Buenos aires explotada por ambas. Zona 1

Esto permite que los abonados pertenecientes a cada zona de prestación sea identificado con el número de esa zona, de modo que el dígito N_1 siempre tendrá un valor fijo, que será: 1,2,ó 3 según la zona a la que pertenezca. También existe la restricción para el "0" por la misma razón anterior. Como ejemplo:

3865- 4 Z MCDU   área múltiple Concepción (Provincia de Tucumán).
2291- 4 Z MCDU   área múltiple Miramar (Provincia de Buenos Aires).
381- 4 YZ MCDU   área múltiple San Miguel de Tucumán.
261- 4 YZ MCDU   área múltiple Gran Mendoza.
11- 4 XYZ MCDU   área múltiple Buenos Aires.

Para acceder desde otra área nacional a un abonado de Miramar hay que marcar obviamente el cero como primer dígito, o sea: **02291....** ; a uno de Tucumán: **0381...**, a uno de Mendoza: **0261...** y a uno de Capital Federal: **011....**

11. Número Internacional

De la misma manera que se organiza un país con su numeración nacional, también se organiza un plan de numeración internacional. Esta es una de las razones por la que la cantidad máxima de cifras de un abonado de cualquier país debe ser acotada a un máximo.

11.1. Prefijo internacional:

Se denomina así a la combinación de cifras que debe marcar el abonado solicitante que desea llamar a un abonado de otro país, a fin de que tenga acceso a los equipos de "salida". El objetivo de esto es encaminar inmediatamente tal llamada. La recomendación pertinente aconseja usar el prefijo "00" (o sea el prefijo nacional mas otro cero). Lo mismo que el 1er. dígito de acceso a servicios especiales no es obligación, es recomendación, Bélgica por ejemplo, usa el "91" como prefijo internacional.

11.2. Símbolo o distintivo internacional:

Es una combinación de una, dos o tres cifras que identifican cada país en la red internacional y se los denomina genéricamente K, A, B. La K identifica el continente o área mundial que cubre. Sus valores son los que se muestran en la tabla VI.T1

1 – América del Norte	2 – África	3 – Europa
4 – Europa	5 - América del Sur	6 – Sud Oeste del Pacífico
7 – Ex URSS	8 - Extremo Oriente	9 – Medio Oriente

Tabla VI.T1 Prefijo de continente o de área global

La cantidad de cifras del prefijo internacional también está en función de la densidad del tráfico telefónico, de la siguiente manera:

K............................... tráfico telefónico **intenso** [1]
KA............................ tráfico telefónico **alto**
KAB .... tráfico telefónico **bajo**

$$K\ A\ B\ N_1\ N_2\ N_3\ 4\ Y\ Z\ M\ C\ D\ U$$

Distintivo Internacional   Distintivo Nacional   Número Individual

11.3. Ejemplos distintivos internacionales

Florida EE.UU.	**1** -05
Yadunde, Camerún	**22** -237
Monza, Italia	**39** -039
Londres, Inglaterra	**44** -207
Tucumán	**54** -381
Melburn, Australia	**61** -3
Moscú, URSS	**7** -095
Tokio, Japón	**81** -3
Bagdad, Irak	**964**-1

Resulta obvio que para llamar desde un lugar de Argentina a cualquiera de esos países debe marcarse "00" antes del respectivo distintivo. Por otro lado, si desde Suiza llamamos a Tucumán deberemos marcar **00**543814YZMCDU, pero si lo hacemos desde Bélgica marcaremos **91**543814YZMCDU y si lo hacemos desde Francia **93**543814YZMCDU por que los prefijos de acceso internacional son 00, 91, 93 para Suiza, Bélgica, y Francia respectivamente. Obsérvese también que en los tres casos **NO** se ha marcado "**0**381", porque, naturalmente el "**0**" es el prefijo interurbano propio de Argentina, o sea, únicamente para los abonados del país que deseen comunicarse a otro abonado dentro de él.

---

1. La extensión geográfica, su densidad poblacional, y su crecimiento telefónico ha llevado a que ciertos países se los distinga con una sola cifra, tal como EE.UU. que lleva el "1" y la ex URSS el "7".También EE.UU. tiene asociadas las redes telefónicas de otros países tal como Canadá, Puerto Rico, Bermudas, Barbados, Jamaica y otros cuyo distintivo internacional también es "1". La cantidad de cifras a marcarse en el tráfico internacional no ha de ser superior a 13 (trece), excluido el prefijo internacional ("00").

11.4.Casos especiales

A veces un país pequeño de bajo tráfico telefónico figura en el mismo ámbito internacional de otro mayor, formando parte de un plan de numeración integrado. En estas circunstancias, no se debe marcar el distintivo de país para el tráfico entre ellos, aunque sin el prefijo de salida nacional y el distintivo interurbano que corresponda.

Existen además otros casos como aquel de dos países limítrofes cuyo tráfico telefónico es alto, conviene analizar si se justifica un enlace con facilidades internacionales, por lo general más costoso y de mayor cantidad de dígitos de selección. En efecto, está el caso de Montreal (Canadá) y de Nueva York (EE.UU.) que pertenecen a la zona internacional de numeración "1". Pero el tráfico entre dos abonados de esas ciudades se hace como si fuesen llamadas interurbanas (nacionales), marcando el prefijo de salida nacional y luego el distintivo interurbano 514 y 212 respectivamente.

12. Numeración de Celulares

En el caso de la numeración de la telefonía celular se siguen los mismos principios que en la telefonía fija, por lo que poseen un número local de 8 dígitos del tipo **J XYZMCDU**; pero es necesario acceder a ellos mediante un *prefijo de salida a celular que está compuesto de dos cifras "15"*.

De este modo el número local es:

15 J XYZ MCDU

El dígito **J** originalmente identificaba al operador pero al fusionarse algunas Prestadoras o transformarse en otras, no se aplica. El dígito X es usado cuando la cantidad de abonados ha crecido considerablemente, como es el caso de la AMBA, pero en la zona Norte este dígito aun no se ha puesto en servicio, por ahora.

13. Factores que influyen en la numeración

En el diseño de la red telefónica existen numerosos compromisos entre economía y operatividad; la interfaz humana es parte de la operatividad. En § 5 se listaron las características deseables de la numeración para el abonado: fácil de entender y de aplicar. Una numeración de longitud uniforme mejora notablemente la operatividad.

En la asignación de los números de debe dejar una reserva de números tan grande como sea posible para atender el crecimiento. El método más simple para lograr esto se inclina a la utilización de números más largos y NO uniformes (paradójicamente). Otra meta es reducir los costos de conmutación, minimizando el análisis de los dígitos que el conmutador debe hacer para el enrutamiento y tasación adecuados. Pero también se ha observado que la prioridad económica se vuelve cada vez más necesaria conforme la red se va haciendo más compleja.

14 Enrutamiento

Considérese las figuras VI.5, VI.8, y VI11 para el análisis del número en el enrutamiento nacional, identificado al recibir el primer dígito "0" y el próximo distinto de "0" y menor que "4". Solo se requiere analizar el dígito N_1 para encaminar una llamada a cualquier zona de la red nacional ya que solo son válidos el "1" "2" ó "3" que identifican A.M.B.A., Zona Sur

(Telefónica) o Zona Norte (Telecom), respectivamente. El análisis de los dígitos de izquierda a derecha, en los próximos ejemplos, conduce al destino:

Ejemplo VI-1

Destino: n° 3814251234 Perteneciente a un centro terciario o cuaternario.

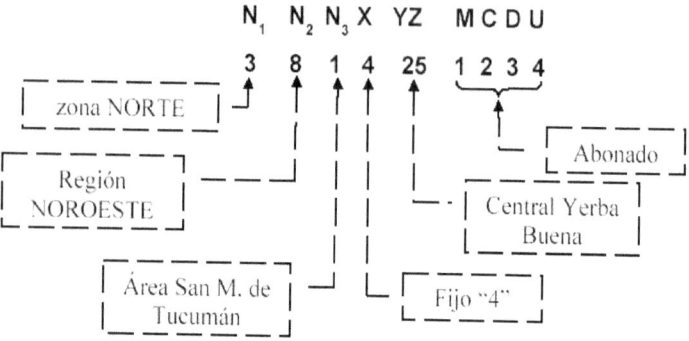

El 1° dígito N_1 define la zona como en la figura VI.11:
3=Norte; 2= Sur; 1=AMBA

El 2° dígito N_2 define regiones dentro de cada zona:
NORTE
3= Pcia. Bs. As. (norte); 4 = LITORAL; 5 = CENTRO; 7 = NORESTE; 8 = NOROESTE
A.M.B.A.
1 = Ciudad de Buenos Aires
SUR
2 = Pcia. Bs. As.y Pcia La Pampa; 6 = CUYO; 9 = Patagonia

El 3° dígito N_3 define diferentes áreas pertenecientes a centros de la misma jerarquía que Tucumán (Terciario, ver figura VI.5) por ejemplo:
1 = TUCUMAN (381) ; 5 = SANTIAGO (385); 7 = SALTA (387); 8 = JUJUY (388)

El 4° dígito X es fijo "4" ... por ahora ...para centros de esa jerarquía. En cambio en centros de menor jerarquía como Catamarca, La Rioja o Concepción el dígito X es variable junto al N_3 y tienen valores definidos así:

Catamarca =   3833
La Rioja =   3822
Concepción =   3862

El 5° y 6° (y el 7°) dígito YZ M, determinan la central local del área si X=4, por ejemplo en Tucumán es:
21 = Muñecas   381 4-21 MCDU
25 = Yerba Buena   381 4-25 MCDU
925 = Raco   381 4-92 5 CDU
923 = El Cadillal   381 4-92 3 CDU

Pero si el centro es de menor jerarquía X no es fijo, el que es fijo es el Y. Por eso para el caso de Catamarca, La Rioja, Concepción o Termas, resulta respectivamente:
3833 4 ZM CDU - 3822 4 ZM CDU - 3865 4 27 CDU - 3858 4 21 CDU

El 7°, 8°, 9° y 10° dígitos MCDU el n° de abonado según la capacidad de la central.

Ejemplo VI-2

Destino: n° 3865427275 de un centro primario perteneciente a Tucumán.

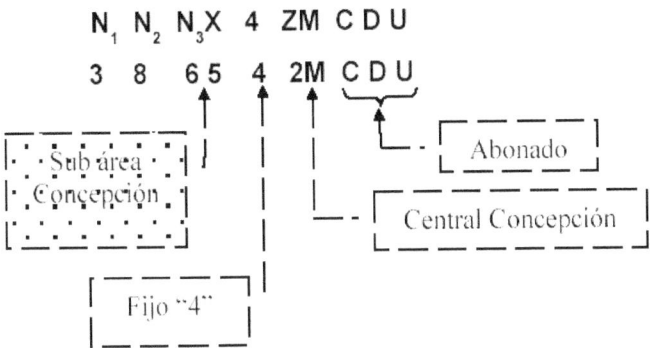

N₁ y N₂ idem a ejemplo anterior.

Si el 3° dígito N₃ es "6" o "9" corresponde a sub área o localidad dependientes del centro terciario Tucumán adoptando junto al 4° dígito X valores como:

62 = Trancas
63 = Monteros
65 = Concepción
67 = Tafí Del Valle
69 = Ranchillos
91 = Lamadrid
94 = Burruyacu
Notar que el distintivo de por ejemplo Trancas, es 3862 y el de Burruyacu 3894

El 5° dígito es siempre "4".

El 6° dígito Z junto con el 7° M van a configurar el número de la localidad (central) según su capacidad: Por ejemplo:

2M = Concepción
8M = Aguilares
o bien
92 = Alto verde
96 = La Cocha

Los últimos dígitos CDU o MCDU forman el número de abonado en el primer y segundo caso anterior, respectivamente.

El análisis de la numeración para las llamadas urbanas es mucho más simple, ya que solo se necesita identificar los dígitos YZ para saber a cuál central del área múltiple está dirigida. (el X es fijo y por ahora siempre "4"). Debido a los adelantos tecnológicos de las centrales controladas por programa almacenado, es posible flexibilizar aun más la numeración pero las reglas de identificación solo se conservan para facilitar la intervención humana.

14 Área Múltiple San Miguel de Tucumán

Si bien en §6 se definió "área múltiple" como el área servida por varias centrales locales, tal concepto puede resultar anacrónico superado por las nuevas tecnologías de conmutación y de transmisión. Aparte, se suma el hecho de que la prestación del servicio telefónico lo realiza más de una concesionaria, lo que condiciona o relativiza este concepto. Consideraremos solamente la situación de los abonados de la prestadora Telecom, a los fines didácticos de este tema.

En efecto, se suponía que en una misma área geográfica (cerrada o delimitada) los abonados pertenecientes a esa eran atendidos por una cantidad limitada de centrales, las comunicaciones entre ellos se consideraban "locales" y su tasación era como tal ("llamadas urbanas"). Hoy puede haber abonados pertenecientes a una central local de cierta área cerrada, pero que estén físicamente fuera de ella! Si bien pertenecen a la misma área, la tarifa ya no es local. Es el caso por ejemplo de las localidades de Tafí Viejo o de Raco, cuyos abonados pertenecen al área San Miguel de Tucumán pues la conmutación propiamente dicha se realiza físicamente en los equipos ubicados en la central Muñecas. Por eso dos abonados de Raco, físicamente ubicados a pocos metros entre sí (vecinos), se comunican entre ellos a través de un enlace físico de 100 kilómetros aproximadamente, ida y vuelta.

El área múltiple San Miguel de Tucumán está compuesto por 36 centrales de las que 13 están estrictamente dentro de la zona geográfica del Gran San Miguel y el resto son centrales virtuales de localidades alejadas del cono urbano como el ejemplo de Raco.

Estas 13 centrales "metropolitanas", por llamarlas de alguna manera, son:

Buenos Aires	24-MCDU
Muñecas	21/22/31-MCDU etc.
Villa Luján	23/24/32/33-MCDU etc.
Yerba Buena	25-MCDU
Banda del Río Salí	26-MCDU
Acceso Norte	27-MCDU
9 de Julio	28-MCDU
Judicial	
Kennedy	34/85-MCDU etc.
El Cristo	
Universidad	
Villa Mariano Moreno	37-MCDU
Manantial	

El número distintivo de estas centrales no es único y pueden disponer de más de uno como el caso de la central Muñecas y Villa Lujan, debido a la gran cantidad de abonados que atienden. Antiguamente, la tecnología disponible, hacía necesario que la numeración de los abonados se relacionara con la capacidad de la central local. Hoy no es necesario tal imposición, pero por tradición y por comodidad a veces se respeta tal numeración. Recordar que teóricamente la capacidad de una central de tecnología digital no tiene límite.

Por otro lado la prestación del servicio por más de una Compañía hace que la numeración de los abonados no presente esa "continuidad" de antaño.

Tucumán como provincia, considerando los abonados de Telecom únicamente, se encuentra dividida en 9 áreas de numeración:

1. San Miguel de Tucumán (0381) y 36 localidades o centrales.
2. Trancas (03862) y 3 localidades o centrales.
3. Monteros (03863) y 11 localidades o centrales.
4. Concepción (03865) y 12 localidades o centrales.
5. Tafí del Valle (03867) y 2 localidades o centrales.

6.	Ranchillos	(03869) y 3 localidades o centrales.
7.	La Madrid	(03891) y 2 localidades o centrales.
8.	Amaicha del Valle	(03892) y 1 localidad o central.
9.	Burruyacu	(03894) y 5 localidades o centrales.

En el Apéndice G se detallan localidades y tarifas de estas áreas.

Referencias Bibliográficas

ERICSSON, L. M. *Telefonía Básica.* Cap 2A- Ed. CAT. 1988.

ESCUELA SUPERIOR TÉCNICA. Curso de Post Grado ENTel. *Conmutación I.* Cap 5. Ed ENTel. 1987.

FREEMAN R. L. *Ingeniería de Sistemas de Telecomunicaciones.* Cap. 6. Ed. Limusa. 1993.

HUIDOBRO MOYA J. M. Y CONESA PASTOR R. *Sistemas de Telefonía.* Cap.1 y 2 Ed. Paraninfo. 1999.

IEC División capacitación ENTel. "*Áreas de numeración*" Ed ENTel.- 1987

STALLINGS WILLAMS. *Comunicaciones y redes de computadores.* 5ª ed. Pp.241-245. Ed Prentice Hall. 1999.

TELECOM. *Guía telefónica* 2010-2011.

-VII-
SEÑALIZACIÓN Y TASACIÓN

1. Objetivo

Más importante que definir "señalización" es indicar las funciones que se llevan a cabo, más los objetivos que se persiguen a través de ellas. Así, el objetivo principal de los sistemas de señalización en una red de telecomunicaciones, es permitir a los sistemas de conmutación **intercambiar la información necesaria para el tratamiento del tráfico telefónico**.

Este intercambio se produce entre centrales, o bien entre abonado y central, e incluso dentro de la misma central, para hacer funcionar los diferentes circuitos.

Cuando se está estableciendo o liberando una comunicación, debe enviarse por la red señales de información de control hacia delante y hacia atrás.

Asimismo, se envía otra información no relacionada directamente con el establecimiento y liberación de la llamada, sino con el estado general y funcionamiento de la red, a modo de supervisión.

El significado de las diversas señales de control, la manera en que se utilizan y su forma eléctrica real, son los elementos integrantes del denominado Plan Fundamental de Señalización, que aquí se sintetizará.

Este plan se refiere al intercambio e interpretación de la información necesaria para el establecimiento de las comunicaciones y no a la forma en que debe implementarse internamente en cada central.

2. Funciones de Señalización

Las funciones básica de señalización son siempre las mismas, independientemente del sistema de conmutación y del tipo de red. Por eso, la señalización debe ser compatible con las diferentes técnicas de centrales instaladas, permitiendo un rápido establecimiento, además de tener una prolongada vigencia, para evitar grandes erogaciones al producirse cambios tecnológicos. Pueden clasificarse en:

2.1. Supervisión

Comprende la detección de condición o cambio de estado de algún elemento de la red. Por ejemplo: un abonado descuelga, un circuito es tomado, se libera un circuito, etc.

2.2. Direccionamiento

Son las funciones realizadas en el establecimiento de la llamada, desde el punto de la identificación y localización exactas de un abonado solicitado. Comprenden la información de numeración, petición de cifras, petición de una repetición, etc.

2.3. Explotación

Estas funciones sirven para garantizar una utilización eficaz de los recursos disponibles y proporcionar información sobre comunicaciones establecidas. Son necesarias para realizar determinadas funciones de mantenimiento, gestión y contabilidad. Ejemplo: señales de tasación o cómputo, bloqueo, etc.

El esquema siguiente resume las funciones de señalización:

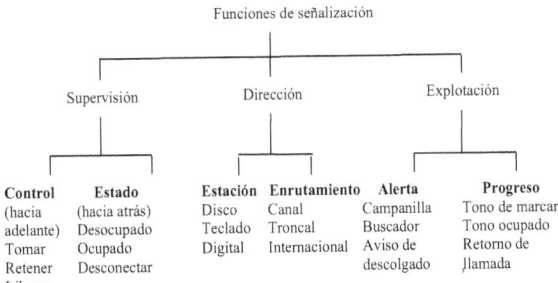

3. Sistemas de Señalización

En telefonía se utilizan dos tipos de señalización:

3.1. Señalización Asociada al Canal

En la que las señales para el tráfico cursado por un solo canal se transmiten en el propio canal o en un canal de señalización permanentemente asociado a él. Se caracteriza por dos tipos de señales:

3.1.1. señales de línea

Se emplean para el establecimiento inicial y supervisión de las comunicaciones. Pueden recibirse y transmitirse en cualquier momento durante el proceso de la llamada, por lo cual, el equipo físico asociado está dedicado generalmente, a cada circuito. Otra característica importante es que se producen en momentos en que los registros no están aun conectados o ya han sido liberados. Como son señales que se intercambian entre los equipos de emisión y recepción asignados a cada línea en particular, y poseen dirección determinada, se las suele llamar:

- hacia adelante:
  -. Ocupación o toma.
  -. Información de selección
  -. Liberación

- hacia atrás:
  -. Confirmación de ocupación
  -. Fin de selección
  -. Ocupado
  -. Respuesta (contestación)
  -. Fin
  -. Cómputo o tasación
  -. Confirmación de liberación

-. Bloqueo

Pueden usarse varios métodos de transmisión ya que el modo de estas señales es tramo a tramo (ver § 4), sin embargo es conveniente por razones de explotación la uniformidad.

- Corriente continua
- Dentro de banda••
- Fuera de banda
- M.I.C (PCM).

3.1.2 Señales entre registros

Se utilizan para transmitir el número del abonado llamado, para indicar si está libre u ocupado, y cualquier otra información necesaria para establecer la conexión (tipo de tráfico, operador, transmisión de datos, prueba, categoría de abonado).

La señalización entre registros puede hacerse por medio de los siguientes métodos de transmisión:

3.1.2.1 Impulsos decádicos
- corriente continua; dentro de banda [1]
- fuera de banda; M.I.C. (PCM), transferidos por el canal de señalización de línea.

3.1.2.2 Señales de Multifrecuencia:
Se obtienen por combinación de frecuencias dentro de banda.

3.2. Señalización por Canal Común (SCC)

Al incorporarse los microprocesadores como unidades de control de las centrales de conmutación, los sistemas de señalización convencionales han sido progresivamente sustituidos por métodos más avanzados, los que a su vez provienen de las redes de computadoras. Es una técnica propia de los sistemas de control por programa almacenado (SCP), donde la información de señalización relativa a una multiplicidad de circuitos más otra información -como la utilizada para la gestión de la red- se transmite por un solo canal mediante mensajes etiquetados, cada uno de los cuales consta de un grupo de bits que tiene una estructura y un contenido definidos. La asociación de la información de señalización al circuito telefónico a que se refiere es, a diferencia de lo que sucede con la señalización asociada al canal, independiente del trayecto utilizado para transmisión ya que cada mensaje contiene una etiqueta que identifica el circuito telefónico. Por ello, se utilizan enlaces específicos de señalización. Cada enlace de señalización sirve típicamente a determinado número de circuitos telefónicos, actuando de esta manera, como un "canal común" de señalización.

3.2.1. Sistema de señalización N° 7

El CCITT (ahora UIT-T) ha recomendado siempre aquellos sistemas de tecnología más avanzada en cada momento. Así, el *Sistema de Señalización por Canal Común* (SSCC 7) se recomendó por el año 1988 y está destinado a convertirse en estándar para las redes públicas de conmutación de circuitos, incluyendo la RDSI (Red Digital de Servicios Integrados) y otras redes inteligentes como las de los sistemas de telefonía celular móvil.

---

[1]. No utilizado en la Empresa Nacional de Telecomunicaciones, ENTel; condición mantenida por los nuevos operadores privados ya que deben usarse receptores de señales protegidos contra las frecuencias de voz.

El sistema consta de cuatro niveles o capas, similares al modelo de referencia OSI como lo muestra la figura VII.1. El MTP (Message Transfer Part) realiza muchas de las funciones de los tres primeros niveles del modelo de referencia. El SCCP (Signaling Conecction Control Part) añade las funciones de direccionamiento OSI al nivel anterior. El TUP (Telephone User Part) diseñado para la telefonía vocal. El último nivel, ISUP (ISDN User Part) es el reservado para redes de servicios integrados.

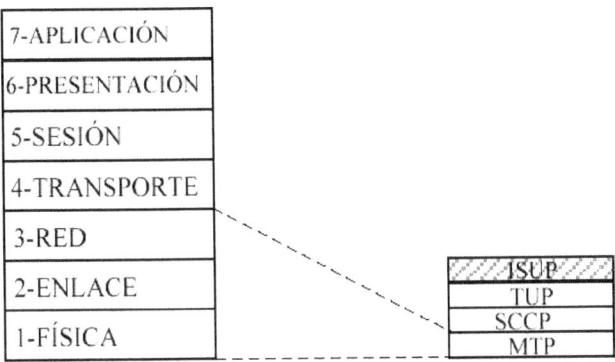

Figura VII.1 Modelo OSI vs. Sistema CCITT nº 7

En las especificaciones referentes a la RDSI se asignan dos canales B de 64 Kbps c/u para datos, más un canal D de 16 Kbps dedicado exclusivamente a la señalización. Se la conoce como configuración 2B+D.

3.2.2. Otros Sistema de señalización

La evolución de las tecnologías de conmutación van produciendo también cambios evolutivos en los sistemas de señalización. Es así que existe un sistema que fue ampliamente utilizado en áreas de centrales o en PABX de tecnología anterior, que se denomina **E&M** y que consiste en una forma de señalización a 6 hilos (4 para la comunicación y 2 para la señalización). El hilo **"E"** (earth - tierra) se usa para la señalización entrante y el **"M"** (mouth – voz) para la saliente, existiendo diversas versiones en la maneras de funcionar.

El sistema Q.SIG es otro estándar publicado en 1.992 y que es soportado por casi la totalidad de las PABX y también válido para RDSI.

4. Modos de Explotación de los Sistemas de Señalización asociada al canal

Los sistemas de señalización pueden operar: tramo a tramo o extremo a extremo.

La señalización en línea debe utilizar el método de "tramo a tramo", mientras que la señalización entre registros puede ser de cualquiera de los dos. En el primer caso, la información de dirección se transmite desde la central de origen hasta la central siguiente, donde se analiza y retransmite (en todo o en parte) a la central siguiente. El procedimiento se repite hasta que la información referente al abonado llamado llega a la central de destino.

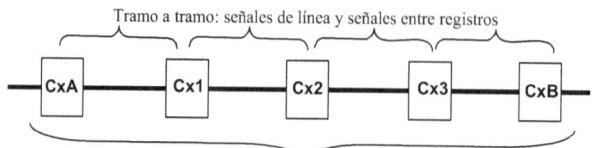

Figura VII.2 Modos de explotación de la señalización dentro de banda

En el caso de señalización de extremo a extremo, la central de origen controla directamente el establecimiento de la conexión, transmitiendo a cada central sucesiva sólo la información necesaria para establecer la conexión con la central siguiente. La figura VII.2 intenta ilustrar tal situación:

5. Tonos Audibles y Mensajes Grabados

5.1. Potencia media nominal de las señales en la hora pico (Rec. Q, 15)

El valor del nivel absoluto de potencia media de las corrientes vocales, corrientes de señalización, etc. por canal telefónico, referido al punto de nivel relativo cero es de -15 dBmo (potencia media = 31,6 μw)

Del valor adoptado, 32 μw, se asignan:

-10 μw para el conjunto de señales eléctricas y tonos

- 22 μw para las demás corrientes.

5.2. Impulso de señalización

Por razones de diafonía, el nivel absoluto de potencias de cada componente de una señal de corta duración, no debe exceder los valores mostrados en tabla 1-VII (referidos a un punto de nivel relativo cero):

Si las señales están constituidas por dos componentes de distinta frecuencia transmitidas simultáneamente, los valores máximos admisibles de los niveles absolutos de potencia son, según recomendación Q.16, 3 dB inferiores a los de la tabla VII-T1.

Frecuencia [Hz]	Potencia [mW]	Nivel [dB$_0$]
800	750	-1
1200	500	-3
1600	400	-4
2000	300	-5
2400	250	-6
2800	150	-8
3200	150	-8

Tabla VII.T1 Máximos valores recomendados para las señales de corta duración

5.3. señalización "fuera de banda"

Para señales de línea se recomienda el TIPO II-1, según Q.21.
- Señalización discontinua.

- Frecuencia: 3.825 Hz.
- Nivel absoluto de potencia: 5dBmo (Alto).

5.4. niveles de potencia de los tonos

Para los sistemas nacionales de señalización, los niveles del tono de llamada, de ocupado y de congestión, deben definirse en un punto de nivel relativo cero tal como en el jack conmutador de larga distancia.
- Nivel adoptado: -10 dBm0
- Niveles aceptables: -15dBm0 a –5dBm0 (centrales existentes).

Para el tono de invitación a discar se adopta también el nivel de –10 dBmo.

6. Definición de los Tonos

Se definen los tonos en continuos y discontinuos, llamando en estos últimos, S a la duración del periodo de silencio y T a la duración del periodo de emisión. Como en algunos tipos de señalización se recomienda un intervalo y no un determinado y exacto valor, cada Administración puede adoptar, dentro de ese rango, lo que le convenga.

6.1. tono de invitación a discar

Tono continuo de frecuencia única: 425 Hz.

6.2. tono de retorno de llamada

Tono de cadencia lenta en el que el período de emisión T es más corto que el de silencio S. Límites recomendados:

	Recomendado	Adoptado
Período de emisión T:	de 0.67 a 1.5 segundos.	1 segundo
Período de silencio S:	de 3 a 5 segundos.	4 segundos
Frecuencia:	425 Hz.	425 Hz

6.3. tono de ocupado (de la línea de abonado solicitado)

Tono 425 Hz de cadencia rápida en el que el período de emisión T debería ser igual al periodo de silencio S. La duración total de un ciclo completo T + S debe estar comprendida entre 300 mseg. y 1.100 mseg. La relación T/S debe estar comprendida entre 0.67 y 1.5.

Duración total adoptada:	500 mseg.
Período T adoptado:	300 mseg.

6.4. mensajes grabados

En los casos en que se pueda dar información sobre el estado de la línea del abonado llamado, se enviará un mensaje grabado al abonado que llama.

7. Tiempos de supervisión

Con el fin de no mantener inútilmente ocupado órganos de la central que son compartidos por todos los abonados, se establecen tiempos de supervisión a cuyo vencimiento (time out) se liberan tales órganos -para que otro abonado que solicite servicio pueda disponer de él- y se avisa al abonado causante, mediante la debida señalización y temporización que a continuación se detalla:

7.1. abonado [A] (que llamó) cuelga y abonado [B] no cuelga

Inmediatamente deberá interrumpirse la tasación. En la central de destino se temporizará de 0 a 10 segundos y a continuación se le enviará *tono de ocupado* al abonado [B]. ver §9.2.5

7.2. tono de ocupado

Se emitirá durante un tiempo de 20 seg. + 20% luego del cual se le enviará a la línea de abonado el tono de indicación de procedimiento anormal para después pasar la línea de abonado al estado de línea de abonado averiada, sacándola de servicio.

7.3. re establecimiento condición de línea de abonado normal

Se deberá efectuar inmediatamente luego de recibida la señal de abonado colgó, admitiéndose como máximo un tiempo de 20 seg. En otro caso la central detectará la nueva condición en el próximo ciclo de supervisión.

7.4. servicio de hora oficial

Será de 100 segundos ± 20 %, con tarifa NO gratuita.

7.5. T inactividad 15"

7.6. T entre dígitos 15"

8. Señales de línea

8.1. Señales abonado - central:

Línea de abonado Normal: Bucle abierto.
Línea de abonado Descolgado: Bucle cerrado

8.2. selección:

La selección del número de abonado B (destino) puede hacerse de la manera tradicional, con impulsos decádicos mediante el sistema mecánico de disco o bien mediante un generador electrónico de pulsos. También se puede "seleccionar" con el teclado multifrecuente. La central de conmutación debe estar preparada para recibir ambos, ya que el cambio hacia la nueva tecnología debe ser una evolución, no una revolución, permitiendo de ese modo que los abonados vayan incorporándose paulatinamente. Las centrales están "preparadas" de modo que si detectan una interrupción interpreta como impulsos decádicos, de no ser así habilitan el receptor de tonos multifrecuentes.

8.2.1. Disco

Velocidad de 8 hasta 16 impulsos por segundo. La relación de cierre y de abertura de bucle respecto de la duración total de impulsos, será de 0.33 cerrado y 0.66 abierto con una tolerancia de ± 10%. En la figura I.2 se detalla un ejemplo de estos impulsos.

8.2.2. Teclado (Según recomendación Q.16)

Puede generar pulsos decádicos, que en realidad son interrupciones[2] de la corriente de bucle cerrado, y también puede generar dos tonos de frecuencia distinta, que forman una combinación conocida por el receptor.

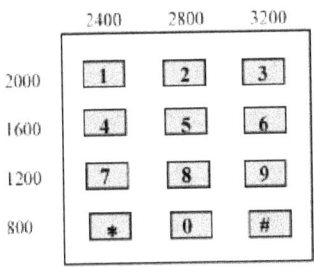

Figura VII.3 Teclado común de 12 teclas y las frecuencias asociadas según Recomendación Q16

Este receptor, ubicado en la central de conmutación posee filtros muy selectivos para permitir la correcta identificación de los tonos. A fin de evitar que el ruido excite estos filtros y los confunda con una selección, estos tonos además de poseer un nivel de potencia como el indicado en la figura VII.4 deben permanecer constantes por espacio de 50 ms. La recomendación Q23 aconseja tres juegos de frecuencias (Q16 y otras) tanto de las altas como de las bajas. Cada Operador deberá elegir a su conveniencia el juego a implementar en su Administración. Así, otro grupo es 697;770;852;941 y 1209;1336;1477 (1633 de reserva).

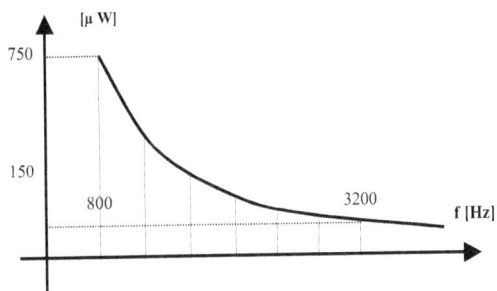

Figura VII.4 Niveles de potencia para los tonos multifrecuentes según Recomendación Q16

8.3. señales central - abonado:

8.3.1. tono de invitación a seleccionar:
Ver § 6.1

8.3.2. señal de llamada o de campanilla
Frecuencia 25Hz (50).
Tensión 75 [Vrms] (90), batería superpuesta negativa.

---

2. Cada tecla efectúa una cantidad de interrupciones equivalente al número propio de cada una, a excepción del "0" que realiza 10 (diez) interrupciones. Ver Cap. 1 § 1.

Período de transmisión : 1 seg.
Período de silencio: 4 seg.

8.3.3. Impulsos de Cómputo:

En los casos en que se envían impulsos de cómputos hasta el aparato telefónico (Teléfono Público Alcancía o Medidor Domiciliario), se implementarán pulsos de frecuencia 16 Hz. y una duración de 120 a 180 mseg. (adoptando 130 mseg. +- 5%). Se trata este tema con más detalles en § 10.

9. Función de las Señales de Línea entre Centrales.

9.1 Señales hacia delante

9.1.1. Señal de toma:

Señal transmitida al comienzo de la llamada para que el circuito pase de reposo a ocupado en el extremo de llegada. En la central de llegada provoca la conexión de los equipos correspondientes.

9.1.2. Señal de liberación:

Es la señal que se genera al finalizar la conversación ("al colgar") Es transmitida para terminar la llamada o la tentativa de establecer comunicación y para liberar en la central la llegada, y después de ella, todos los órganos que intervengan en la comunicación. Además sirve para liberar la conexión e interrumpir la tasación, cuando el abonado que llamó cuelga o realiza una operación equivalente.
El equipo de conmutación de salida permanece bloqueado hasta la identificación de la condición de "control de liberación" en el sentido hacia atrás.

9.2 Señales hacia atrás.

9.2.1. Señal de respuesta:

Se genera cuando el abonado B — el llamado —, contesta la señal de campanilla, o cuando, durante la fase de conversación "cuelga" o "corta". Es transmitida hacia la central de salida para identificar que el abonado llamado ha respondido a la llamada, iniciando la tasación, o para indicar a la operadora que la conversación ha comenzado.

9.2.2. Señal de colgar:

También denominada liberación forzada o "B cuelga". Señal transmitida hacia la central de salida para indicar que el "abonado llamado" ha colgado. La central de salida la interpretará como liberación forzada y provocará el envío inmediato de la señal de fin.

9.2.3. Control de liberación (reposo):

Señal transmitida hacia la central de salida en respuesta a una "señal de liberación" (A cuelga o fin) para indicar que esta última señal ha dado lugar, efectivamente, al retorno de los equipos de conmutación del extremo de llegada a la condición de reposo.
El circuito deberá estar protegido contra cualquier toma ulterior hasta la terminación en el extremo de llegada, de las operaciones de desconexión desencadenadas por esta señal.

9.2.4. Señal de cómputo:

Señal transmitida hacia atrás, aplicada por el centro de tasación después de recibir la señal de respuesta o contestación. Se envía durante la comunicación al ritmo correspondiente, por la línea de enlace hacia la central urbana del abonado llamante y hasta el medidor domiciliario del abonado — cuando exista — o hasta el telecentro, locutorio, o teléfono público alcancía. (T.P.A.)

9.2.5. Condiciones especiales de liberación

- Abonado llamado [**B**] cuelga, abonado llamante [**A**] no cuelga.
  Si a la central de origen llega la señal "Abonado llamado colgó" (colgar 9.2.2.) y al cabo de t_{out}= 60 segundos no se ha recibido la señal de "Respuesta" nuevamente, ni la de "Abonado llamante cuelga" (9.1.2), se procederá a la liberación forzada de la central de origen. Además se enviará señal de "Liberación" hacia la central distante (Rec. Q.118) y tono de ocupado al abonado llamante. Este tiempo es el recomendado pero a veces suele ser mucho más grande que 60 segundos, por lo que "parece" que el abonado B no puede interrumpir la conversación. En realidad si se desea que solamente A pueda interrumpir la tasación, se puede llevar a t_{out} hasta el infinito.

- Abonado que llama [**A**] no completa la marcación
  Si al cabo de 15 segundos de que el abonado llamante recibe tono de invitación a marcar no inicia marcación, o durante la misma efectúa una pausa interdigital de 15 seg., se procederá a la liberación forzada de la central de origen con envío de la señal de fin hacia la central distante y tono de ocupado al abonado llamante.

- Abonado llamado no contesta

  Si transcurridos 2 minutos ±10 segundos de recibido el tono de retorno de llamada, o de que se presuponga que se ha alcanzado la línea del abonado solicitado, no se recibe la señal de respuesta, se procederá a la liberación de la central de origen con envío de liberación hacia delante y tono de ocupado al abonado llamador.

9.3 Señalización entre registros

Se utilizará en el ámbito nacional el sistema se señalización R2 multifrecuente recomendado por el UIT y cuyas características son:

Tipo:	Multifrecuente.
Código:	Dos entre siete.
Frecuencias:	Dentro de banda en ambos sentidos.

Las señales que componen las combinaciones multifrecuentes, se dividen en:

Hacia adelante, señales de los grupos I y II.

Hacia atrás, señales de los grupos A y B.

Cada señal se materializa mediante la transmisión simultánea de dos frecuencias seleccionadas entre siete. Así, se disponen de 21 combinaciones multifrecuentes en cada sentido de transmisión. Las frecuencias y combinaciones multifrecuentes que han de utilizarse son las indicadas en el cuadro 1 de la recomendación Q 441.

10. Tasación - Introducción

Las llamadas se tasan en función de la duración, de la distancia, de la fecha y del horario en que se efectúe la comunicación. En el área norte, se aplica el método CIP (Cómputo por Impulsos Periódicos) en el cual, el contador de pulsos del abonado registra el impulso inicial al momento que recibe la señal de B contesta (§ 9.2.1.). Luego, recibirá los impulsos subsiguientes a intervalos fijos predeterminados en función de los cuatro parámetros mencionados al inicio de esta sección. Estos impulsos persistirán mientras dure la conversación (hasta la señal descripta en § 9.2.2 ó § 9.2.3)

Es importante hacer notar que el tiempo entre pulsos no admite fracciones. Así por ejemplo si los pulsos se generan cada 2 minutos, una comunicación de 5 minutos - pulsos y fracción-se tasará como de 4 pulsos, (porque el primer pulso se dispara cuando el abonado B contesta), es decir, como una de 6 minutos de duración. La figura VII.5 ilustra este hecho.

También existen horarios y días particulares en que la tasación es diferente, tarifa reducida es el nombre asignado, aunque en realidad lo que se reduce es la frecuencia de cadencia de los pulsos, o menos pulsos en el mismo intervalo de tiempo, (menos pulsos por minuto)3. Su clasificación y aplicación dependerá de si el tipo de llamada es urbana o interurbana (larga distancia).

Las llamadas se clasifican en locales (urbanas) y en interurbanas, dependiendo del origen y del destino de la comunicación. Las dirigidas al exterior del país denominadas internacionales, responden a un régimen de tasación que no se particularizan en el presente texto.

La tasación en los sistemas móviles (celulares) es bastante diferente ya que los sistemas involucrados son también diferentes lo mismo que el tráfico ya que incluye datos, los SMS o mensajes de texto, cuya espectacularidad de crecimiento asombra (pero satisface) a las prestadoras. Los abonados a Personal intercambiaron *más de **500 millones de mensajes** en un día!*[4]. También, en una nota concedida por Telecom a Canal 10 de Tucumán el 27/01/2011 se informaba que se cursaban 9.000 millones de mensajes de texto por mes.

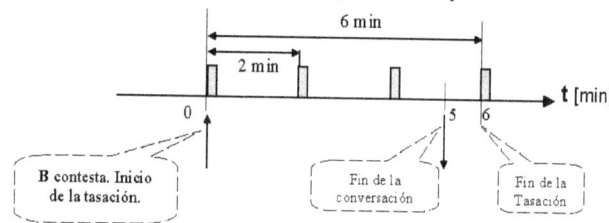

Figura VII.5 Comunicación de 5 minutos. Tasación de 4 pulsos (ocho minutos?)

10.1. Llamadas locales

Son las originadas y terminadas en el área de la misma central, o las llamadas cursadas entre centrales de una misma área múltiple. En estas llamadas dentro del horario "normal" u "horario pico" se aplica la tasa local o tasa urbana, que corresponde a un pulso cada dos minutos, igual al representado en la figura VII.5 y se aplica los días lunes a viernes de 08 a 20 horas y

---

3. Por eso, en el caso de la promocionada tarifa al 50% no en todas las llamadas existirá tal reducción, porque lo que en realidad se hace, es aumentar el tiempo entre pulsos. Bajo esas condiciones, la llamada de 5 minutos de figura 5-VII se facturará como un consumo de 2 pulsos, pero otra de duración 3 minutos "consumirá" 2 pulsos y no 1,5 pulsos como era de esperar. En otras palabras, en tales horarios, solo se podrá hablar más tiempo, pero por el precio normal. Cuando la duración de la llamada sea extensa, (en el presente ejemplo, se aproxime a un múltiplo de 6), funcionará como promociona, pero si la llamada es breve, no se cumplirá. Un fraccionamiento menor del tiempo entre pulsos redundaría en beneficio del usuario.

4. Información proporcionada por Telecom al diario "La Gaceta de Tucumán" el día 22 de julio de 2.010 ("día del amigo").

sábados de 08 a 13. La tarifa reducida tiene el horario de aplicación justo el complemento del anterior a lo que se suma los días domingos y feriados, ambos de 00 a 24 horas. En este horario, los pulsos se aplican cada 4 minutos.

10.2 Llamadas interurbanas

Son todas las llamadas que se encaminan a centrales que no son de la misma área múltiple.

La zona Norte, cuyo primer operador fue Telecom, hoy prestan también el servicio de LD otros operadores tales como Telefónica, AT&T, CTI, South Bell, (pero con nombres distintos) está dividida en Áreas de Tasación llamadas también Áreas Primarias porque en la antigua red de cuatro niveles (evolucionando hacia dos niveles) eran atendidas por un centro primario. Por esa razón cada área de tasación conserva un único indicativo interurbano y constituye un área de numeración cerrada.

CLAVE	DESDE [kM]	HASTA [kM]
1	0	30
2	30	55
3	55	110
4	110	170
5	170	240
6	240	320
7	320	440
8	440	600
9	600	840
10-11-12	>840	

Tabla VII.T2 Claves y su rango de distancias

Así es que hay dos tipos de tarifas, una para comunicaciones dentro del Área de Tasación y otra tarifa para llamadas entre Áreas de Tasación. Aquí los horarios sufren una pequeña variación respecto al horario de las urbanas, ya que se agrega una nueva franja de horario reducido de una hora antes del inicio (8 a 9) y dos horas antes del final (18 a 20). (ver apéndice D)

NORMAL:	Lunes a Viernes de 9 a 18
REDUCIDA:	Lunes a Viernes de 8 a 9 y de 18 a 20
	Sábado de 8 a 13
FERIADOS	Lunes a Viernes de 0 a 8 y de 20 a 24
&	Sábados de 0 a 8 y de 13 a 24
NOCTURNOS	Domingos y feriados de 0 a 24

También se establecen claves en función de la distancia, como se muestra en la tabla VII.T2

10.2.1 Dentro del Área de Tasación

En este caso las llamadas se tasan en función de la distancia pero solo hasta la clave #3, (aun cuando la distancia corresponda a otra clave). Debido a la evolución de la red, la distancia de referencia es la distancia aérea entre las unidades de conmutación ya que en el futuro la tasación será realizada por un centro único de encaminamiento y tasación. Cada Unidad de Conmutación se identifica mediante el análisis de la característica local que ha marcado el abonado llamante. Una vez determinada la clave a aplicar la UC (o el centro único) determinará la cadencia de los pulsos correspondientes.

10.2.2 Entre Áreas de Tasación

Se tasan en función de la distancia medida entre el centro representativo o cabecera de Área origen y el Área destino. Esta última se identifica por el análisis del identificativo interurbano marcado por el abonado que llama. En este caso, el centro único adecua la cadencia de los pulsos correspondientes.

10.3 Pulsos interurbanos

La figura VII.6 muestra la cantidad de pulsos interurbanos en función de la clave. Como parámetro se muestran las diferentes categorías de tarifas.

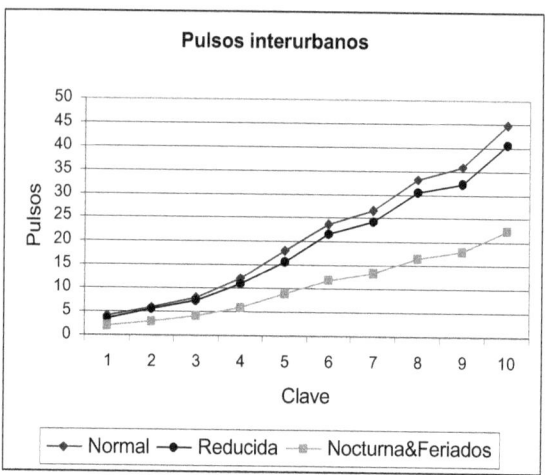

Figura VII.6 Cantidad de pulsos por minuto para llamadas interurbanas en los tres horarios

11. Otros métodos de tasación:

El pricipio básico de la tasación es que el abonado pague exactamente el tiempo de conversación. Sin embargo por razones técnicas (que datan de la época de las centrales mecánicas) y razones económicas (las Prestadoras no "deben" sacrificar ganancias) no se calcula el costo de una llamada exactamente proporcional a la cantidad de segundos transcurridos.

11.1 Generador común

El matemático finlandés, S. A. Karlsson, demostró en 1.920 que en promedio la diferencia es muy pequeña si se utiliza un método en el cual los impulsos no están sincronizados con el comienzo de la llamada. En la práctica esto significa que los impulsos vienen de un generador común para varios contadores, de modo que el inicio de la conversación es aleatorio respecto a los impulsos de tasación. Un contador solo recibe los impulsos que ocurren dentro del intervalo de tiempo entre el inicio y el final de la conversación. De esta manera el comienzo de una llamada puede ocurrir en cualquier momento en relación a los impulsos. La figura VII.7 grafica lo expuesto.

En este sistema los cargos por exceso y por defecto se compensan entre sí. En el ejemplo anterior solo se computan 3 impulsos, en cambio con el sistema en vigencia (figura VII.5) se computarían 5 impulsos!

Pero si una llamada se realiza (empieza y termina) entre dos impulsos del generador no hay cargo para el abonado porque no "entró" un pulso en ese tiempo.

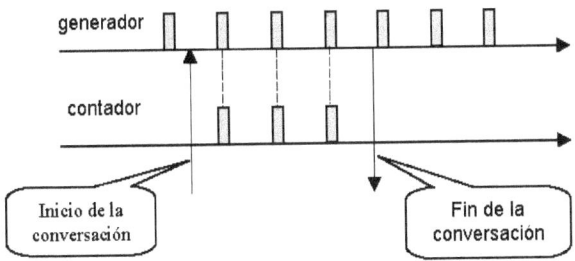

Figura VII.7 La conversación comienza aleatoriamente respecto al 1er impulso

Según Ericcson puede ocurrir, que una llamada sea tan corta que empiece al empezar el flanco ascendente del pulso y termine inmediatamente llegue el flanco descendente.[5]. La figura VII.8 ilustra esta situación.

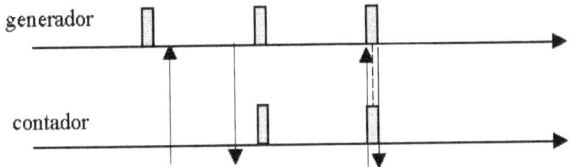

Figura VII.8 Llamadas muy cortas. Sin cargo y con cargo mínimo

11.2. Supresión del 1er. impulso

Otra forma de tasar y acercarse más al principio de pagar por lo que efectivamente se usa es iniciar el contador justo al inicio de la conversación pero suprimir el primer pulso del generador (el contador no lo tiene en cuenta), para luego seguir normalmente como en la figura VII.7. Esto significa que la Administración siempre cargará por lo menos un impulso, no importa cuan corta sea la llamada. La figura VII.9 muestra una situación así.

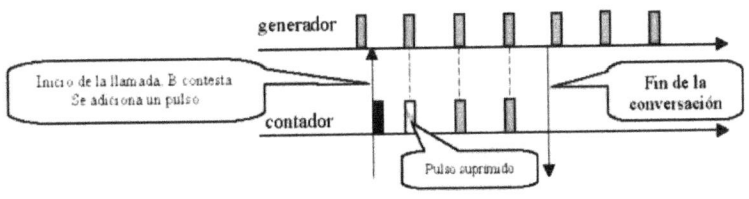

Figura VII.9 La tasación comienza al contestar B

---

5. Nota del autor: esta es una propuesta muy audaz de Ericsson, ya que presupone que el tiempo entre pulsos es muy grande y que además los impulsos del generardor duran mucho! (del orden de la duración de una llamada).

12. Conclusión

La tasación ha sido siempre una cuestión controvertida, incluso en épocas anteriores a la privatización de las comunicaciones. Y lo fue porque el contador de pulsos siempre permaneció oculto a la vista y control del usuario, aun cuando las reglamentaciones y facilidades técnicas actuales habiliten, limitadamente, a conocer el estado del mismo desde el domicilio del abonado. Pero al no tener acceso visual permanente, como sería si éste estuviera ubicado en el mismo lugar del servicio (como lo están en el gas, agua y energía eléctrica), la situación es de permanente desconfianza por parte del usuario, a pesar de estar protegido por las reglamentaciones. La imposibilidad como es fácil de deducir, está dada por la línea de abonado, ese tradicional par de cobre que es insuficiente para lograr el cometido deseable, no obstante disponer de la tecnología adecuada. El plantel exterior y el precio del cobre determinan todo.

Hoy, el cómputo se hace y almacena en medios digitales partiendo de la frecuencia patrón de un reloj que proporciona el sincronismo a toda la red y las cadencias correspondientes. A este sistema se lo llama facturación global. A pesar de la existencia de la facturación detallada, servicio optativo que el usuario debe pagar por aparte, la disconformidad del usuario es permanente y justificada. Tal vez con la línea digital de abonado pueda superarse esta controversia.

En el Apéndice D se transcriben las distintas claves (para la tasación) interurbanas referidas a un abonado local (de Tucumán). También se presentan las referidas a llamadas dentro de las áreas múltiples en que se ha dividido la provincia. Además se esquematizan las diferentes bandas horarias y sus tarifas.

Referencias Bibliográficas

ENTEL Planes Fundamentales. *Plan de Señalización.* Ed ENTel. 1989.

ERICSSON, L.M. *Telefonía Básica. Cap. 2ª.* Ed. CAT. 1988.

ESCUELA SUPERIOR TÉCNICA. Curso de Post Grado ENTel. *"Conmutación I"* Cap. V. Ed ENTel. 1989.

TELECOM. *Tasación y control de acceso a la red.* Ed. Telecom 1995.

-VIII-
CONMUTACIÓN

1. Introducción

Para que dos abonados puedan entablar una conversación telefónica es necesario que ambos aparatos estén conectados entre sí, en principio, por un conductor o por un par de conductores, ya que estos proveerán la energía para el funcionamiento y otras funciones de señalización. En rigor se necesitará un canal o enlace de comunicación de cualquier tipo o naturaleza. En cualquier caso, debe existir la posibilidad de conexión entre todos los abonados, pero a medida que esa cantidad aumenta, el número de enlaces necesarios para la interconexión total crece dramáticamente según la formula1:

$$N = \frac{1}{2}M(M-1)$$

Donde N es la cantidad de enlaces y M la cantidad de abonados. Así para cuatro abonados, se requieren seis enlaces, pero para cantidades prácticas genera números muy grandes, por ejemplo para un grupo de 1.000 abonados se requerirían $0{,}5 \cdot 10^6$ enlaces!, lo que es prohibitivo tanto por el costo como por la realización práctica.

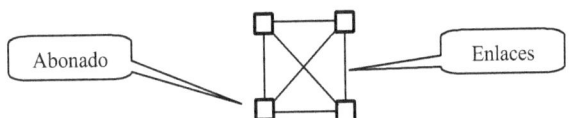

Figura VIII.1. Interconexión de cuatro abonados sin central de Cx

Frente a esto se hizo necesario recurrir a la concentración de los abonados en sitios comúnmente denominados "**Centrales de conmutación**", donde una de entre varias funciones, es la de concentrar todo el tráfico en un punto — la central — y direccionarlo adecuadamente.

La disposición de los abonados de la figura VIII.1 se transforma en una estrella, figura VIII.2, donde resulta N=M.

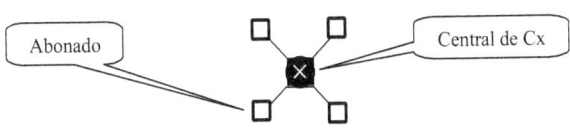

Figura VIII.2 Cuatro abonados conectados a la central de Cx

Básicamente, una central deberá ser capaz de:

---

1. Es la forma simple del combinatorio: $N = \dfrac{M!}{2!(M-2)!}$

- Interpretar el deseo de un abonado de establecer una comunicación.
- Interpretar la acción de aceptarla o no, por parte de otro.
- Suministrar la corriente para el funcionamiento.
- Generar las señales necesarias para la correcta transferencia de voz.

Habrán más funciones adicionales tendientes a mejorar el servicio, pero no serán indispensables y formarán parte de lo que se denomina señalización. En muchos aparatos telefónicos modernos no convencionales, la alimentación microfónica no es proporcionada por la central, sino por una fuente individual, como es el caso de los inalámbricos y los contestadores automáticos.

Por otra parte, la central deberá realizar la conexión física entre el abonado "A" y el abonado "B". Estas conexiones podrán realizarse de diferentes maneras según la tecnología empleada, pero la filosofía es idéntica para todas. De hecho, una central digital actual hace básicamente lo mismo que una central electromecánica del siglo pasado: *conectar los abonados solicitados*. Desde luego que los valores adicionales, son numerosos y superiores con las tecnologías actuales, las que han optimizado el servicio al usuario y minimizado los costos de operación y mantenimiento. Vemos así que una central de conmutación puede dividirse en dos partes bien diferenciadas: la unidad que realiza funciones de control [**Ctrl**] y la unidad que realiza funciones de conmutación [**Cx**] como en figura VIII.3.

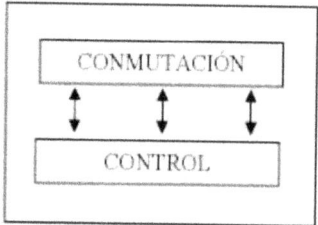

Figura VIII.3 Unidades básicas Ctrl. (soft) y Cx (hard)

2. Unidad de Control

Esta parte de la central tiene como fin no solo generar y recibir las señales sino también procesarlas e interpretarlas. Parte de estas señales estarán dirigidas a la unidad de conmutación como indicación de cuáles circuitos y en qué momento de la transacción deben operarse. Otras serán dirigidas a cada uno de los abonados, a otras centrales o a servicios especiales. A fin de poder comprender fácilmente las operaciones de una central de conmutación, se analizarán los diferentes pasos en que una llamada se inicia, se desarrolla y finaliza.

2.1 Proceso de una llamada

a.- Cuando el abonado desea intentar una comunicación "levanta el auricular"[2] (o presiona una tecla de habilitación "**On**") cierra los hilos a-b del par lo que, al ser detectado en la central, desencadena una serie de eventos en la unidad de control – cierra el I en la fig. VIII-4.

---

2. Se prefiere usar el lenguaje utilizado por la generalidad de los usuarios que a pesar de las nuevas tecnologías continúa usando los términos tradicionales como "colgar", "discar", "tubo", "campanilla", etc.

b.- Al recibir el primer dígito se debe saber si se está enviando desde un teclado o desde un disco, para así poder darle el servicio adecuado. La UCtrl debe estar programada para recibir tonos multifrecuentes en primer lugar, y de no recibirlos, esperar pulsos decádicos.

c.- Identifica al abonado que llama y determina su posición en la red de la UCx, y le envía el tono de invitación a marcar. Luego, lo conecta a un receptor de dígitos desocupado, según sea el tipo de aparato que posea.

d.- Identifica los tonos recibidos (o cuenta los impulsos) y almacena esta información hasta que se completa el número de destino. Al llegar la suficiente cantidad de dígitos determina el o los órganos de salida.

e.- Investiga si el abonado "**B**" está libre (o si hay troncales de salida disponibles) y en caso favorable, selecciona una (de entre varias) trayectoria en la UCx que conecte "**A**" con "**B**".

f.- Si este trayecto está libre, ordena el cierre de contactos en la Ucx denominados **II** en la figura VIII.4. Sin embargo hay un tercer contacto "**X**" que permanece abierto, y está ubicado de tal manera que se pueda enviar señalización a ambos abonados por separado (señal de campanilla y tono de retorno). Es frecuente que estos generadores se encuentren ubicados en la UCx, pero son operados, obviamente por la UCtrl.

g.- La UCtrl se libera. Hasta este instante el tiempo transcurrido es mínimo, las señales de mayor complejidad ya se ejecutaron y solo resta enviar señales sencillas que se implementan con órganos asociados a la UCx,. para de esa manera dejar libre a los órganos de la UCtrl — que debían enviar, recibir o procesar otro tipo de señalización — para atender cualquier otra llamada. El contacto "X" sigue abierto.

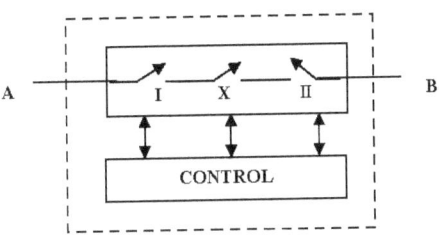

Figura VIII.4 Contactos elementales en la UCx

h.- Cuando "**B**" contesta, cierra su propio par a-b provocando que la central interprete este evento como una aceptación de la llamada (no como una solicitud) ordenando el cierre del contacto "**X**". En este momento es cuando se inicia la comunicación y se pone en marcha la tasación. Ver VII § 9.2.1 y 9.2.4.

i.- En principio, la comunicación finaliza — y por ende la tasación — cuando el abonado que llamó, el "**A**" cuelga, liberándose todas las conexiones de la UCx. Algunas centrales se programan de varias maneras diferentes a la descripta, lo que da lugar a procesos diferentes. Ver VII § 9.2.2 y 9.2.5.

El hecho de que en la UCtrl no haya un órgano de procesamiento para cada uno de los abonados hace que inevitablemente se produzca bloqueo (congestión). A modo de regla nmotécnica, se puede tomar esta cantidad como un 10 % del total de abonados conectados a la central. Este valor recibe el nombre de <u>grado de equipamiento</u>. Que no se debe confundir con

GRADO DE SERVICIO. Este último también llamado grado de pérdida está, como se vio en unidad II, en función del tráfico y de la cantidad de líneas.

3. Unidad de Conmutación

Es la parte que establecerá un camino dedicado entre dos dispositivos cualesquiera que deseen comunicarse. Ese camino debe ser transparente para la señal, en el sentido de que debe parecer que existe un camino directo entre ellos. Este camino permanece dedicado durante todo el tiempo que dura la comunicación. Esta es la característica típica de una **conmutación de circuitos**. y tal conexión debe ser de modo full-dúplex.

En los sistemas telefónicos, de las tres áreas típicas: Terminales, Transmisión y Conmutación, es ésta última la parte menos "visible" para el usuario, pero que en términos de facilidades y servicios ofrecidos al mismo, es la más importante. También lo es desde el punto de vista didáctico, ya que en general la clasificación de las centrales suele hacerse en función de la tecnología aplicada en la unidad de conmutación.

4. Conmutación por división de espacio. (S)

La conmutación de espacio fue desarrollada originalmente para los entornos analógicos aunque posteriormente fue utilizado por los medios digitales también, ya que los principios fundamentales son los mismos para ambos sistemas. Una conmutación espacial (tipo **S** del inglés **S**pace) es aquella en que las rutas que se establecen son físicamente independientes unas de otras, de ahí "división en el espacio".

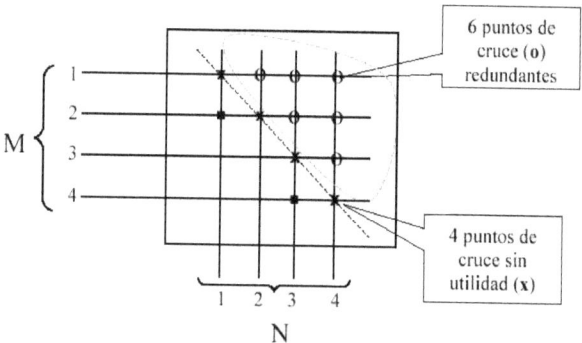

Figura VIII.5 Red de conexión la unidad de Cx para 4 abonados

La unidad de conmutación puede imaginarse como una red de conexiones bajo un arreglo de tipo matricial de MxN, es decir de M entradas y N salidas. Por ejemplo, para el sistema de cuatro abonados de la figura VIII.2 el arreglo sería como el de la figura VIII.5.

En el mejor (o tal vez en el peor, de los casos, según para quién), cuando todos los abonados están hablando, por ejemplo 2 con 1 y 4 con 3, hay puntos que permanecen inactivos, lo que es un desperdicio. Las conexiones deberían hacerse en los puntos donde se intersectan las filas y las columnas respectivas, marcadas con ¦ en la figura VIII.5. Ésta es muy instructiva ya que se pueden observar varias singularidades:

   a.   Hay 16 puntos de potenciales conexiones que se denominan puntos de cruce.

b. Hay 4 puntos de cruce sin utilidad (marcados con "x" sobre la diagonal principal) que no son necesarios por que interconectan un abonado consigo mismo.

c. Hay 6 puntos de cruce por arriba de la diagonal que no se utilizan por ser redundantes con los de debajo de la diagonal (1-2), (1-3),(1-4),(2-3),(2-4) y (3-4).

d. Los puntos restantes, cuya cantidad es de seis y que es el resultado del combinatorio de la ecuación de N, son los realmente necesarios para lograr la conexión de cada abonado con todos los demás y, coincide con la cantidad de enlaces de la figura VIII.1.

e. ¡Aun más, solo se ocupan 2 puntos de cruce de los 6 disponibles!

f. La matriz necesaria resulta ser de forma triangular y no cuadrada como en un principio.

g. Este arreglo no produce bloqueo, ya que si la salida llamada está libre, la conexión puede efectuarse con solo activar el punto de cruce correspondiente a ese particular par de entrada-salida.

5. Puntos de cruce

De las singularidades mencionadas, puede intuirse con claridad que aun en el extremo supuesto, estando todos los abonados comunicados, hay puntos de cruce que no se requieren para esa combinación particular, lo que hace muy poco eficiente este sistema. Los puntos de cruce son una de las limitaciones fundamentales en las redes de conmutación pues el costo de la central y la complejidad de la operación y mantenimiento está en función de la cantidad de ellos, que crece en forma geométrica con la cantidad de abonados.

La cantidad de puntos de cruce en la matriz triangular de la figura VIII.5 es $4(4-1)/2 = 6$. Si pensamos en centrales con 10.000 abonados estos arreglos no son viables.

Las primeras centrales de conmutación tuvieron en cuenta la singularidad remarcada en **e.** y en base a los valores medidos de tráfico y las probabilidades de ocupación, se calculó que con un 10 % de equipamiento se podría brindar un adecuado servicio con una pérdida razonable. En base a este criterio aparecen las matrices de conmutación rectangulares **n**x**k** (n entradas por k salidas, donde n>k)

En aquellos tiempos no se hablaba de puntos de cruce sino de trayectorias de conexión. Aun con la integración a alta escala que permite hoy la tecnología, acomodar cientos de miles de puntos en pequeños chips de conmutación es sumamente problemático. Pero el verdadero problema no son estos puntos sino los "zócalos" o terminales físicos necesarios para acceder a semejante cantidad de puntos de cruce. Y esto sin contar que las conexiones deben hacerse a dos hilos por lo menos, lo que involucraría el doble de puntos.

6. Conmutación de varias etapas

Acabamos de ver que una entrada se conecta a una salida a través de un único punto de cruce. Esta característica distintiva hace que si la salida hacia el abonado destino está libre, siempre podrá establecerse la comunicación. Ésta se denomina conmutación de una sola etapa y que tiene la particularidad de no presentar bloqueo.

Esta disposición, para una central real de varios miles de abonados, tiene las siguientes desventajas:

- Gran cantidad de puntos de cruce.
- Se necesita un punto específico para cada conexión de una determinada entrada con una determinada salida, y si este punto fallara, no podría efectuarse la conexión deseada.
- Los puntos se utilizan ineficientemente porque solo un punto de una fila (o de una columna) está en uso mientras los restantes no lo están aunque todas las otras líneas estén activas. En la figura VIII.5 hay cuatro puntos que no se usan a pesar de que las cuatro líneas están ocupadas.

Una forma de reducir la ineficiencia es que cada punto de cruce sea usado por más de una potencial conexión, es decir que se puedan compartir los puntos de cruce. Si los puntos de cruce se comparten, se puede producir bloqueo. Sin embargo, disponiendo de trayectorias alternativas se puede eliminar (ver apéndice E), o cuanto menos disminuir el bloqueo.

Disponer de rutas alternativas, equivale a decir que deben existir varias trayectorias disponibles para una misma y particular conexión, caso, por ejemplo la 1 con la 2.

Todo esto se consigue implementando varias etapas de conmutación. Para el caso de tres etapas se debe dividir las N entradas y M salidas en grupos n entradas y k salidas, respectivamente. Las entradas de cada grupo central son servidas por un arreglo matricial rectangular de n x k y cuya cantidad dependerá del grado de pérdida o de bloqueo que se requiera. También podemos decir que esta configuración produce una concentración entre la 1ª y la 2ª etapa, para luego lograr la expansión entre la 2ª y la 3ª etapa. El siguiente ejemplo clarifica el concepto.

Ejemplo VIII.1

Suponga que una central de 10 abonados deba implementarse en tres etapas de conmutación por división de espacio. Dimensione el sistema. Calcule los puntos de cruce y el % de ahorro respecto a una cuadrada. Simule establecida la comunicación de los abonados 5 con 1 y 6 con 2 y considere las condiciones de bloqueo para ese caso.

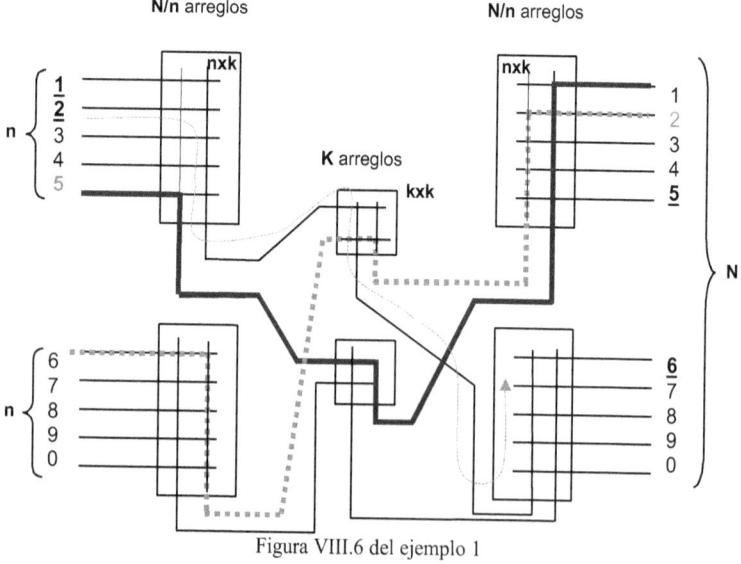

Figura VIII.6 del ejemplo 1

101

Los diez abonados se dividen en dos grupos de cinco cada uno, y se establece que la cantidad de arreglos centrales sea de dos. Bajo estas condiciones resulta que: $N=10$; $n=5$ y $k=2$ por lo que la primera etapa la forman dos matrices rectangulares de 5 x 2 y la segunda etapa, dos matrices cuadradas de 2 x 2. La tercera etapa es el reflejo de la primera (2 x 5). Observar que cada abonado dispone de dos trayectorias para llegar a cada uno de los restantes abonados.

Para las conexiones pedidas 5-1 y 6-2 se han dibujado las trayectorias en líneas de mayor espesor. Nótese que este arreglo provee accesibilidad completa, es decir que todas las entradas pueden acceder a todas las salidas (siempre que estas últimas estén libres). Sin embargo una vez realizadas las conexiones del enunciado, si los abonados 3 y 4 quisieran comunicarse entre sí no lo podrían hacer, ya que no hay trayectorias hacia el arreglo rectangular superior. Solo tienen trayectorias libres hacia el arreglo inferior, abonados 7, 8, 9 y 0 como indica la flecha de trazos. Del mismo modo estos últimos abonados "ya" no tienen trayectorias libres hacia el 3 o el 4 (solo podrían comunicarse entre sí).

La cantidad de puntos de cruce N_x resulta ser $2(2 \times 10) + 2^2 \times 2 = 48$

Los de la matriz cuadrada de diez entradas es $(10 \times 10) = 100$

El % de ahorro es $(100–45) = 55$ %.

Como última observación interesante, se ve que antes de iniciarse el proceso el abonado de línea "5" dispone de dos trayectorias posibles hacia el abonado de la línea "2". Puede salir por la columna 1 hacia el arreglo inferior (idem al señalado) o bien por la columna 2 hacia el arreglo superior. Luego desde cualquiera de los los arreglos centrales solo dispondrá de un solo camino que lo conduzca al "2"

El ejemplo VIII-1 pone de manifiesto algunas conclusiones muy interesantes que generalizando para N líneas de entrada resultan:

- La cantidad de arreglos de la 1ª y 3ª etapa será igual a N/n.
- La cantidad de arreglos k de la etapa central será fijada por el diseño y determinada por la condición de bloqueo o grado de pérdida requerida.
- Los arreglos rectangulares de la 1ª y 3ª etapa serán de dimensiones n x k. Y k x n
- Los arreglos centrales **siempre** serán matrices cuadradas de dimensiones (N/n) x (N/n).
- La cantidad de cruces N_x dependerá de la manera en que se realice la división de las N líneas en grupos de tamaño n, y su expresión es: $N_x = 2kN + k\, k^2$

Al compartir puntos de cruce la probabilidad de bloqueo se incrementa.

Se observó que la matriz cuadrada y la matriz triangular no presentan bloqueo, lo que no es aplicable a un arreglo de tres etapas como el de la figura VIII.6. En 1.930 Charles Clos (de la Bell Lab.) demostró que no hay bloqueo si se elige $k = 2n - 1$. La demostraciones puede observar en la bibliografía de referencia o en el apéndice **E**.

La cantidad de abonados de una central digital se dimensiona en números que son potencia de 2, por eso la tabla que sigue asigna a N tales valores y contempla el caso de una matriz triangular, de un arreglo de tres etapas sin bloqueo y de tres etapas con bloqueo.

A pesar de la reducción lograda, la cantidad N_x para grandes centrales es prohibitiva. Se recurre entonces a la implementación de arreglos con mayor cantidad de etapas, como por ejemplo 8 etapas para 65.536 líneas (2^{15}).

			A	B	C
N	n	k	N_x 1 etapa	N_x 3 etapas	N_x 3 etapas*
128	8	15	16.256	7.680	2.560
512	16	31	261.632	63.488	14.336
2048	32	63	$4{,}2 \times 10^6$	516.096	81.920
8192	64	127	67×10^6	$4{,}2 \times 10^6$	491.520
32768	128	255	10^{12}	33×10^6	$3{,}1 \times 10^6$

Tabla VIII.T1 Cantidad de cruces N_x para 1(A) y 3 (B) etapas sin bloqueo y con pérdida (C)

* para pérdida B=0,002 (1/500)

Ejemplo VIII.2
Repita el ejemplo VIII.1 pero suponga ahora k=3 y recalcule. Compare los resultados de ambos ejemplos.

7. Conmutación por división de tiempo. (T)

Este sistema es también conocido como conmutación digital, lo que no es estrictamente correcto, ya que la división espacial (S) también se aplica a señales digitales. Como es cada vez más frecuente que las señales de voz se ofrezcan a la central ya digitalizadas y que el sistema PCM es usado universalmente se pueden intercambiar las ranuras temporales de las tramas PCM para implementar una conmutación del tipo **T** (de time).

Supongamos que a la red de conmutación lleguen H tramas PCM de 32 canales cada una. En ese caso se ofrecerán un total de N = H·32 entradas a conmutar. Si el sistema no ofrece bloqueo, significa que todos los canales deben estar disponibles para todos los restantes, lo que hará necesario que a la entrada haya un multiplexador (Mux). Además es conveniente que al Mux llegue la información en forma de 8 bits en paralelo como lo muestra la figura VIII.7.

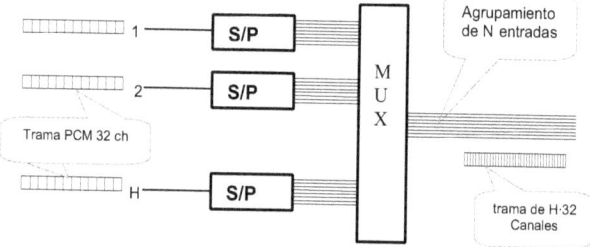

Figura VIII.7 Agrupamiento N=H·32 canales

A la salida del Mux, resulta un agrupamiento de las H tramas en una única multitrama de N intervalos y a cada canal de las tramas se le asigna un intervalo determinado de la multitrama. Para que se realice la conmutación puede pensarse en almacenar los octetos de cada intervalo para luego emitirlos en el momento correspondiente al intervalo del canal destino. Visto así, la red de conmutación no es más que una memoria que realiza las funciones de almacenamiento y de la cual se emiten las informaciones en los instantes adecuados. Una manera de representarla sería como en la figura VIII.8.

En otras palabras y básicamente, la conmutación temporal funciona así:

- Los datos de entrada se escriben en una simple memoria RAM
- Los datos de salida se leen desde una simple memoria RAM

Supongamos que se quiere conectar el canal "x" con el canal "z", entonces:

todos los canales se leen secuencialmente y se almacenan en la memoria de conexión en el mismo orden en que son recibidos. Por lo tanto esta memoria deberá tener N celdas elementales de 8 bits cada una.

La unidad de control escribirá en la memoria de direcciones el número del canal con el que está conectado cada uno de ellos. Para el ejemplo dado, en la celda correspondiente al canal "x" se escribirá el número que identifica al "z", y en la celda perteneciente al "z" se escribirá el número identificatorio de "x".

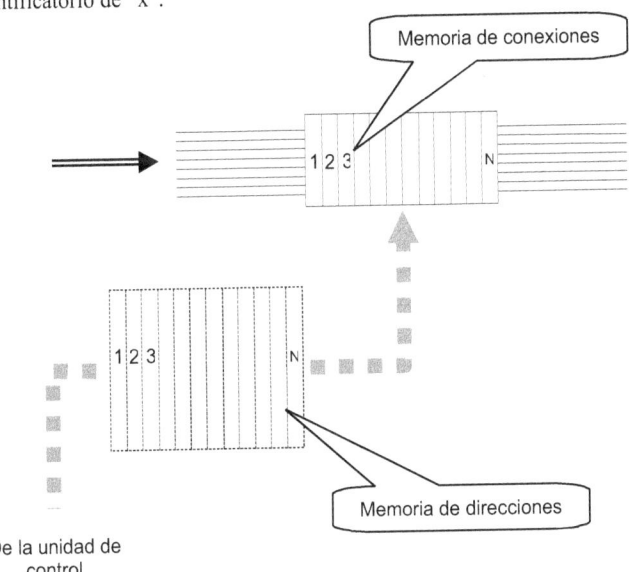

Figura VIII-8 Una memoria de conexión

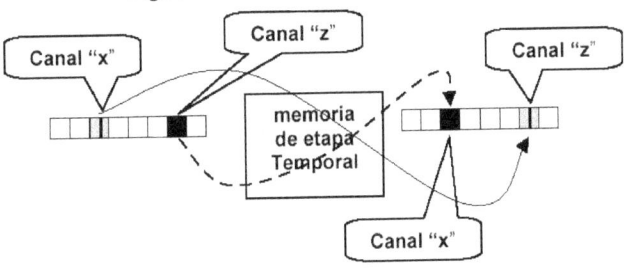

Figura VIII.9 Simple conmutación tipo T

El resultado es como el que se muestra en la figura VIII.9, donde se aprecia con claridad que los datos del canal (o ranura) "x" de la trama de entrada aparecen en el canal (o ranura) "z" de la trama de salida, y viceversa.

La lectura se realiza en la memoria de conexión de forma causal, es decir en el intervalo "x" se va a leer el octeto almacenado en la posición "z" y viceversa. De la misma manera con el resto de los canales. También existe otro modo que se describe más adelante.

Para lograr la lectura y escritura hay que dividir en dos el tiempo asignado a cada canal, uno para escribir (almacenar) y otro para leer.

Para la salida habrá que recurrir a un sistema inverso, es decir a un demultiplexor (Demux) por lo que una red de conmutación completa puede quedar representada como la figura VIII.10.

La acción de borrado en ambas posiciones corresponde a la interrupción de la conexión entre los canales en cuestión.

La memoria de direcciones tendrá N celdas, y el tamaño de cada una será de $\log_2 N$ bits.

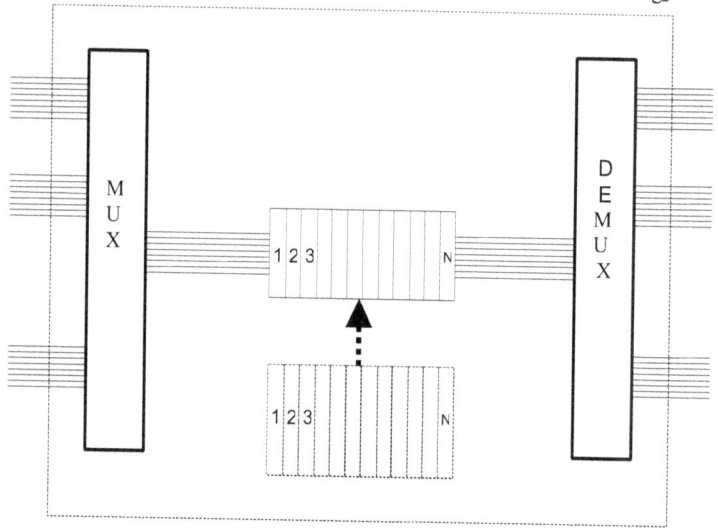

Figura VIII.10 Etapa de conmutación tipo **T**

El control de las ranuras puede hacerse de dos modos:

Escribiendo secuencialmente y leyendo causalmente. Se denomina también CRS (control relacionado con la salida). Los datos de entrada se almacenan secuencialmente por la acción de un contador en módulo N que se incrementa una unidad con cada ranura que ingresa. En la salida la información proveniente del control almacenado especifica cual dirección debe accederse para una ranura en particular.

Escribiendo causalmente y leyendo secuencialmente. Modo CRE (control relacionada con la entrada). El dato de entrada es escrito en una posición de la memoria según lo indique el Control almacenado, pero el dato de salida es recuperado secuencialmente bajo el control de un contador de ranuras de salida.

Finalmente es provechoso saber que, de existir dos etapas T, conviene que las mismas se implementen en modos diferentes por cada par de etapas. En la figura VIII.11 se esquematizan ambos modos.

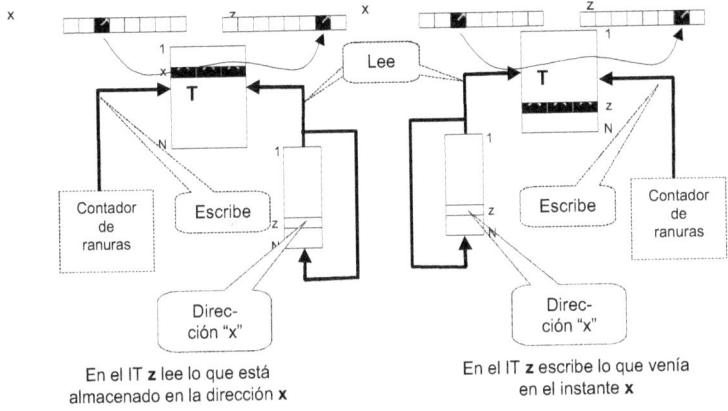

En el IT **z** lee lo que está
almacenado en la dirección **x**

En el IT **z** escribe lo que venía
en el instante **x**

Figura VIII.11 Modos CRS y CRE

8. Tiempos de operación

Las memorias tienen una limitación práctica que es el tiempo que necesitan para realizar las tareas de lectura y escritura. Tales tiempos deben reducirse a la mitad de la duración de cada ranura porque ya se vió que en ese IT (intervalo temporal), se debe leer y escribir en la misma.

Podemos calcular el tiempo que la información permanecerá almacenada en una dirección de memoria. Este tiempo depende de cuál posición ocupa respecto a la selección para la salida. Podrá ser el mínimo si la ubicación es la siguiente a la ranura de entrada, esto es entra por la x y sale por la x+1. En este caso el tiempo $t_{min}=125/N$ [μseg].

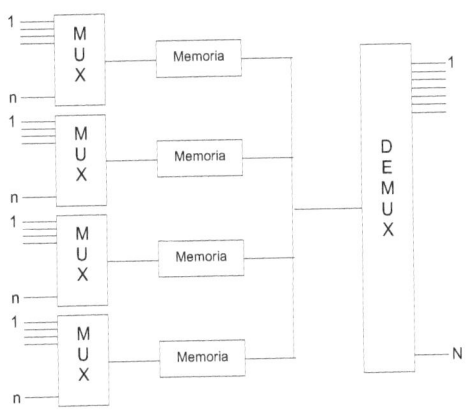

Figura VIII.12 – Agrupación de las entradas

El caso máximo se produce cuando la salida corresponde a la ranura anterior, es decir a la x-1 por lo que la información permanecerá almacenada un tiempo $t_{Max}= 125 - 125/N$ [μseg].

Si consideramos un sistema con capacidad para 1.024 abonados (32 grupos PCM) necesitarían 122/2=61 nseg. Si bien las con las actuales tecnologías existen memorias de esas características, maximizar esos tiempos no es un intento vano. Una de las formas para lograrlo es agrupando las líneas PCM de entrada de modo que cada grupo posea una memoria con menos ranuras a conmutar. Luego las salidas, volverían a multiplexarse, como lo indica la figura VIII.12.

La expresión general de los tiempos de lecto escritura es:

$$T = \frac{125 \ \mu seg}{N_e + N_L}$$

donde Ne y N_L son la cantidad de líneas a almacenar y a leer secuencialmente. Para el caso de la figura VIII.13 $N_e=N/G$ donde G=4 es el número de grupos en que se han dividido las líneas. En la salida todas las líneas deben ser leídas secuencialmente de modo que $N=N_L$. Sustituyendo estos valores en la expresión anterior se tiene

$$T = \frac{125 \ \mu seg}{\frac{N}{G} + N} = \frac{125}{N} + \frac{G}{G + N} \ [\mu seg]$$

Para el caso del ejemplo de la figura VIII.12, T=97 nseg lo que representa un incremento de más de un 50 % respecto a los 61 nseg.

9. Etapas múltiples

Podría pensarse en subdividir o agrupar las líneas de salida también, de modo de aumentar el tiempo de lectura. Para lograrlo debe recurrirse a la aplicación de una etapa espacial o tipo S y realizar una conmutación tradicional entre los distintos grupos. La figura VIII.13 muestra lo descrito.

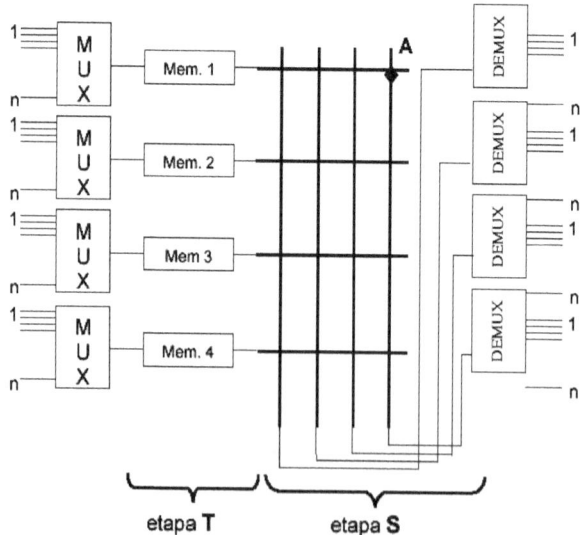

Figura VIII.13 Etapa **TS**

107

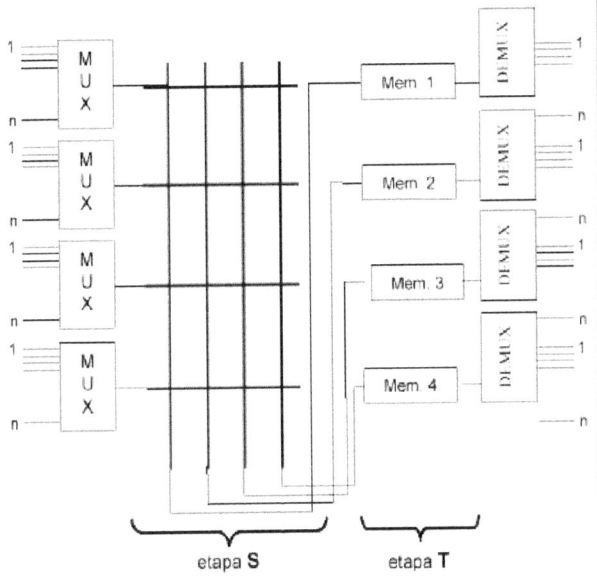

Figura VIII.14 Etapa **ST**

El sistema de comando de los puntos de cruce de la etapa S provendrán de una memoria de direccionamiento que escribirá en forma causal según instrucciones de un comando centralizado en el momento de la formación de un enlace. La lectura de esta memoria se realizará en el momento de transmitir las señales hacia adelante en forma secuencial.

Supongamos como ejemplo y en referencia a la figura VIII.13, un estado particular como que en determinado momento esté establecida la conexión entre el canal x del grupo 1 con el canal z del grupo 4. La información del canal x se encontrará almacenada en la memoria de conexión z posición x. En el tiempo correspondiente al canal z en transmisión, se operará el punto de cruce A que conectará la memoria 1 con el grupo de salida 4 que así leerá la información almacenada.

Un efecto similar al descrito puede lograrse intercambiando las posiciones de las etapas de tiempo y espacio, dando lugar a la denominada etapa ST como la esquematizada en figura VIII.14.

9. Arreglos STS y TST

Tanto la configuración TS como ST, tienen grandes limitaciones porque el bloqueo interno es elevado. En efecto, si dos canales x de grupos de entrada diferentes quieren comunicarse con dos canales pertenecientes al mismo grupo de salida no será posible porque ambos harían uso de un mismo punto de cruce durante el mismo instante de operación. Para evitar este inconveniente es necesario desvincular las memorias de conmutación de una correspondencia rígida con cada grupo, o bien desvincular los tiempos de conmutación de la etapa S de los tiempos correspondientes a cada canal, lo que se consigue mediante más etapas de conmutación. Los arreglos de tres etapas STS son como el de figura VIII.15.

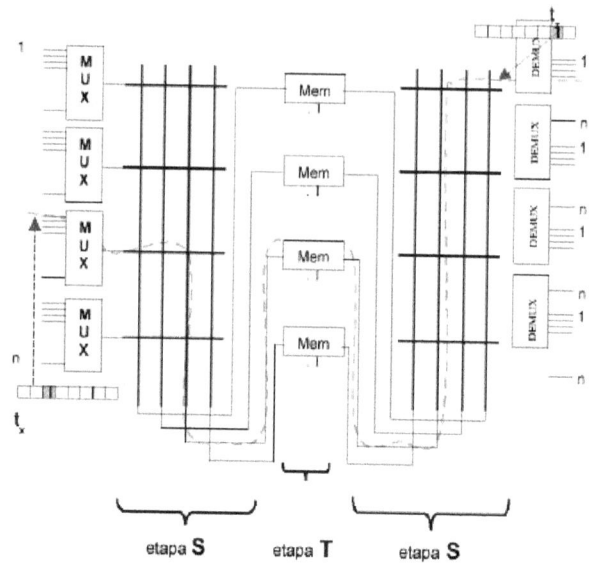

Figura VIII.15 Etapa **STS**

El funcionamiento de una etapa STS puede explicarse del siguiente modo: la información que llega al sistema por uno cualquiera de los n canales de entrada (en uno de los t_x tiempos de recepción) se almacena en cuanto es recibida, según una conmutación realizada por la etapa S1 en una cualquiera de las memorias de Cx. Allí quedará hasta hacerla salir en transmisión en un tiempo (t_z) determinado a voluntad y por uno cualquiera de los grupos de salida, a través de una nueva Cx de la etapa S2.

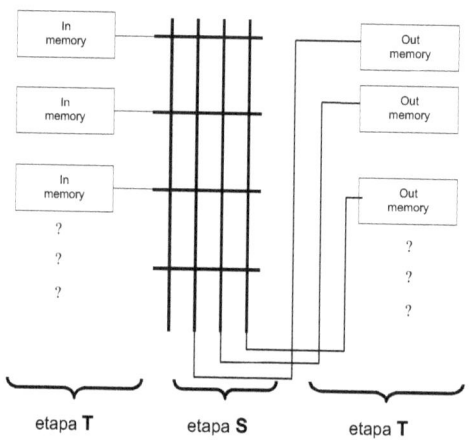

Figura VIII.16 Etapa **TST**

Otra forma de arreglo es la del tipo TST que se muestra en la figura VIII.16 en un diagrama simplificado.

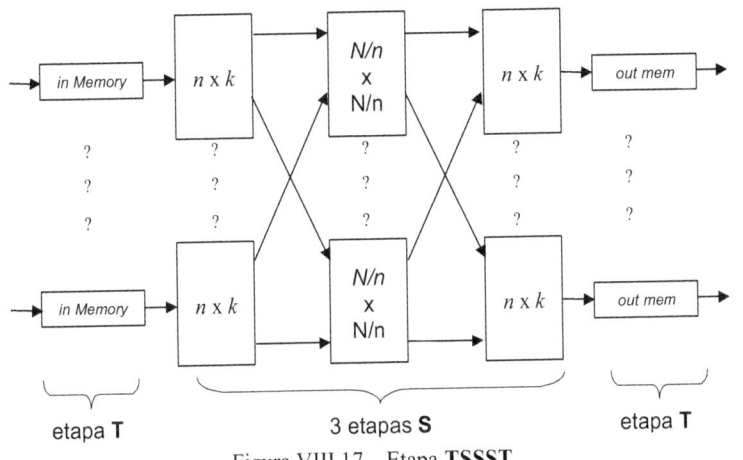

Figura VIII.17 – Etapa **TSSST**

Una central de etapas temporales es mucho más económica que una espacial, principalmente porque una RAM es más barata que una puerta AND, que es con las que se implementan los puntos de cruce. En realidad, caro no son los puntos de cruce en si mismos, sino los elementos para acceder a ellos, como los pines externos, los zócalos, etc.

Lo más efectivo para la reducción de costos es multiplexar tantos canales juntos como sea posible. Naturalmente hay límites prácticos como por ejemplo la cantidad de canales de un sistema PCM. Pero cuando se alcanza ese límite, reducir la complejidad del sistema y por ende de sus costos solo es posible mediante el uso de etapas múltiples. Por eso cuando las etapas espaciales de una central TST son tan grandes que no se justifica aumentar la complejidad del control, se recurre a usar más etapas espaciales para reducir los puntos de cruce. La figura VIII.17 describe una conmutación TSSST usando las convenciones de la figura VIII.6

Referencias Bibliográficas

BELLAMY, JOHN C. *Digital Telephony*. Cap 5. Ed John Wiley & Sons. 2000.

PÉREZ E. H. *Fundamentos de Ingeniería Telefónica*. Cap. 10. Ed Limusa. 1999.

-IX-
TELEFONÍA CELULAR

1. Introducción

La Unión Internacional de Telecomunicaciones (UIT) define el servicio telefónico móvil como "el servicio de radio comunicaciones entre una estación móvil y una estación fija, o entre dos estaciones móviles". Se diferencia del fijo en la existencia al menos de un terminal, cuya ubicación se desplaza espacialmente, por lo que se *requiere el mantenimiento del servicio durante esos desplazamientos*. Es posible clasificar varios tipos de telefonía móvil, tal como se muestra seguidamente:

> Servicio móvil terrestre
> Servicio móvil marítimo
> Servicio móvil aeronáutico

El servicio de **telefonía celular pública**, llamado comúnmente "*celular*" pertenece al sistema móvil terrestre.

2. Estructura básica

La estructura de una red de telefonía móvil responde por lo general a lo mostrado por la figura IX.1:

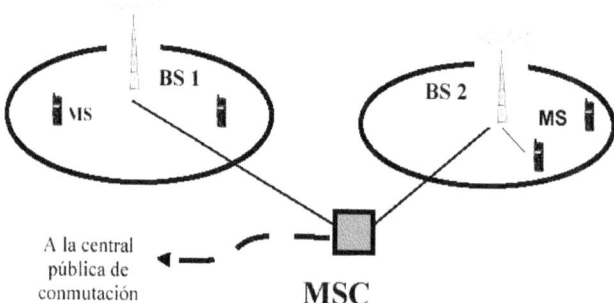

Figura IX.1 Componentes básicos de un sistema celular.

MS=Mobile Sation; BS= Base Station; MSC=Mobile System Control

Los **MS** son las estaciones móviles o aparatos **celulares** propiamente dicho, con una potencia de 200mW aproximadamente. **BS** se denomina a las estaciones base que son equipos radio transmisores supervisadas por una estación de control **CSM**. También en algunos casos, suele necesitarse de estaciones repetidoras **RS** (no dibujadas en la figura) y que sirven para cubrir radio eléctricamente zonas no accesibles por la BS principal.

3.- Principio de Funcionamiento

Los teléfonos celulares están enlazados vía radio con las estaciones bases (BS) las que se encuentran emplazadas en lugares dominantes y espaciadas a lo largo y ancho de los territorios sobre los cuales se desea ofrecer el servicio. Los aparatos se sintonizan automáticamente a la BS que esté más cerca. De ese modo al desplazarse, irán "saltando" de una a otra estación a medida que cambien de celda. Estas BS están conectadas a su vez a la red telefónica pública (o básica) haciendo posible la comunicación entre los aparatos móviles y los teléfonos fijos y entre móvilees de diferentes Prestadoras.

Para ofrecer el servicio en una determinada región hay que instalar un cierto número de estaciones bases repartidas estratégicamente de modo que el territorio a en cuestión quede cubierto. Puede decirse que este territorio queda fragmentado en un conjunto de zonas de influencia o de cobertura, que se les llama celdas o células. De ahí el calificativo de redes celulares.

Dado que cuando un móvil se desplaza entre dos estaciones, se sintoniza con la señal de la estación base de mejor calidad (mayor potencia), cabe decir que cada estación base (BS) contiende con sus adyacentes tratando de establecer su propia área de influencia.

La cantidad de estaciones necesarias para cubrir un cierto territorio no solo es función de la extensión y orografía del mismo, sino que depende también de la cantidad de usuarios a atender. Así por ejemplo, una zona urbana con mayor densidad de teléfonos celulares, habrá de necesitar mayor cantidad de BS. Además, como el diseño nace de una plan que estipula una cantidad determinada de BS y que con el tiempo se hará necesario dar servicio a un número creciente de usuarios, es que las redes deben ser flexibles y permitir su expansión sin aumentar el número de BS. Esto se consigue mediante la sectorización de las celdas.

A fin de establecer un sistema de tasación similar al existente para los teléfonos fijos, la CNC (Comisión Nacional de Comunicaciones) ha definido áreas de cobertura vinculadas a una misma central denominadas Área de Localización de Móvil (ALM). Estas áreas delimitan el "área local" de los abonados a la vez que fuera de ellas hacen que reciban el calificativo de "abonados visitantes" dando lugar así al denominado concepto o estado de "roaming". En la zona norte del país hay un total de 23 (veintitrés) ALM para todas las Prestadoras y para todas las bandas de frecuencia. Una comunicación entre dos abonados móviles ubicados en distintas áreas se efectúa por los enlaces interurbanos de conmutación clásicos.

Los sistemas celulares tienen información puntual de cada aparato referente a su estado y posición dentro del territorio atendido (ALM). Se dispone de dos bases de datos con la información necesaria: HLR y VLR, que se describen a continuación.

HLR (Home Local Register) es la que contiene información referente a los abonados locales (número de usuario, localización, categoría, estado, servicios adicionales, etc.). Por ejemplo si el abonado apaga su celular, una posible llamada entrante es derivada al buzon de mensajes.

VLR (Visitor Local Register) contiene los datos de los abonados en roaming. Son los mismos datos que existen en su propio HLR y que se extraen mediante una consulta que hace la Central antes de iniciar/recibir una llamada desde/a ese móvil. Si el abonado sale de esa área o apaga su equipo el VLR borra los datos referentes.

De esa manera se podrá encaminar hacia la estación base que en ese momento los esté atendiendo, la llamada que eventualmente les llegue. La capacidad de seguimiento de la posición de los portátiles se conoce como *roaming* (itinerancia) y permite saber en cual celda se encuenta actualmente el móvil. Esta capacidad da la posibilidad al usuario de moverse libremente por la red o redes de varios operadores permitiendo además, la coexistencia de operadores diferentes. Por otra parte, facilita la facturación en un único punto, independientemente del lugar donde se haya originado o recibido la llamada, ya que toda la información se recoge en una base de datos para su posterior tratamiento.

Si un aparato "celular" en comunicación se encuentra viajando, es posible que en el transcurso de dicha comunicación, pase de la zona de influencia de una **BS** a otra, es decir que cambie de celda. En principio la señal comenzaría a degradarse y hasta podría llegar a perderse. Sin embargo los sistemas de telefonía celular prevén un mecanismo automático de transferencia de la comunicación desde la **BS** original a la que cubre la 2ª celda, eliminándose los problemas antes dichos. Esto se conoce como hand-over o hand-off y gracias a éste, el servicio se mantiene ininterrumpidamente y dentro de los estándares de calidad adecuados.

Al encender el aparato celular, éste se "registra" en la BS más cercana a su ubicación física de ese momento, intercambiando los datos necesarios para el funcionamiento adecuado. Tal "diálogo" se realiza mediante diferentes tramas que se describen para el sistema GSM en el próximo capítulo. Los "celulares" también se registran periódicamente cuando están encendidos, a fin de que el sistema conozca su estado; si todo es normal quedará en **estado activo**. En caso de que el **registro** no se haya podido completar, el sistema activará un temporizador (5 minutos), después del cual se lo declarará **inactivo** y no se lo buscará. Esto permite que los MS pasen por zonas de insuficiente cobertura ("sombras"), para volver a registrarse nuevamente con éxito al entrar en zona con cierta calidad de señal. El mensaje grabado "*el celular al que Ud. intenta contactar se encuentra apagado o fuera del área de servicio*" recibido por un abonado que llama, ocurre al estar el destino en el estado inactivo, anteriormente descripto. Al registrarse el abonado, sus datos, se leen desde el HLR (Home Local Register) y se almacenan en el VLR (Visitor Local Register) del MSC que cubre las celdas donde se encuentra el móvil. Además, se graba en el HLR la identidad del VLR actual, correspondiente a la zona donde se encuentra actualmente el móvil.

4.- Arquitectura de una Red de Telefonía Celular

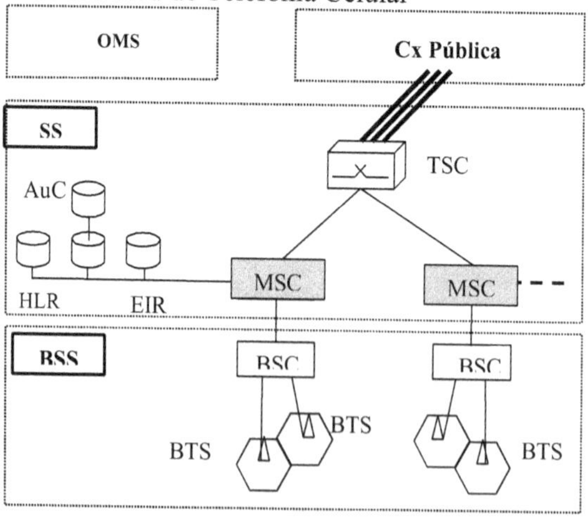

Figura IX.2 Arquitectura de un sistema celular.

Es posible dividir los componentes en dos grupos o sistemas principales a saber: **BSS** (Base Station System) que es responsables de las funciones de comunicación de radio, del handoff, control del nivel de potencia, por medio de los componentes indicados en la figura IX.2. El otro sistema principal es el **SS** (Switching System) quizá la parte más compleja técnicamente de todo. Se encarga de las funciones de control de conmutación, tales como análisis de los dígitos, establecimiento de llamadas, validación, tarifación, etc. a través de sus bloques componentes.

4.1.- BSS

Móvil o **MS** (Mobile Station) vulgarmente llamado "celular", es el elemento que proporciona el servicio concreto al abonado, en el lugar, instante y formato adecuado (voz, datos, imágenes, etc.) Es interesante hacer notar que el MS puede actuar en modo emisor, modo receptor o en ambos a la vez.

El BTS (Base Tx Station) o BS (Base Station) proporciona la cobertura radioeléctrica a una celda. Contiene todos los equipos de radio necesarios para la comunicación con cada móvil que transite por la celda. Es el CoDec de los canales de control y la medición de los niveles de potencia.

El controlador de estaciones base o BSC hace de interfaz entre el BSS y el BSC. Gestiona los canales de radio, supervisa las BS.

4.2.- SS

Centro de conmutación de tránsito, o TSC (Transit Switching Center) permite que las llamadas originadas en un móvil y con destino a otro móvil, se encaminen por la red celular. Si acaso la llamada es entre un móvil y un teléfono fijo, el encaminamiento se hace, siempre vía TSC, "saliendo" hacia la central de conmutación pública o PSTN. (Public Switching Telephone Network). Queda claro que existirá siempre un enlace entre el TCS y la central pública de Cx, mediante cualquiera de los vínculos físicos disponibles, fibra óptica, Radio Enlace, etc.

4.2.1 MSC

Centro de conmutación de móviles (Mobile Switching Center). Es la interfaz entre la red celular y la de teléfonos fijos, internet o RDSI. Se ocupa de la parte de conmutación de un cluster de celdas, estableciendo, encaminando y finalizando el proceso de llamada. Gestiona el hand off, los servicios suplementarios y lo referente a la tasación. En inglés billing. También se encarga del control de posibles fraudes.

4.2.2 HLR (Home Local Register)

Registro de abonados locales es la base de datos que contiene la información de todos los abonados móviles relativa a su identificación y servicios suplementarios como tipo de línea, límite de consumo, y otras facilidades. Por lo general un solo HLR suministra sus servicios a varios MSC. Parte de esa información se utiliza para la localización del móvil y para el encaminamiento de las llamadas entrantes. Cada vez que un abonado está por recibir o efectuar una llamada, se hace una consulta o registro a la base HLR. Si el abonado apaga su celular, las llamadas entrantes son desviadas al buzón de mensajes.

4.2.3 VLR (Visitor Local Register).

Registro de abonado visitante Idem al HLR pero con datos de abonados que no pertenecen al área atendida por el respectivo MSC. En este caso, si el abonado visitante apaga el celular, sus datos son borrados del VLR.

4.2.4 Auc Centro de autentificación

Contiene las claves que identifican a cada abonado de manera de autorizar su acceso a la red a fin de evitar fraudes. Sus precisiones se indican para el GSM en el capítulo que sigue.

4.2.5 EIR (Equipment Identification Register)

Registro de identificación de equipo, EIR. En esta base de datos se guardan los números que identifican al aparato telefónico móvil en si como el ESN y el MIN. Estos datos permiten establecer fehacientemente el caso de celulares robados, usos indebidos estadísticas, etc.

5.- Bandas de frecuencias

En nuestro país, las bandas utilizadas por los sistemas móviles terrestres son fijadas por la CNC (Comisión Nacional de Comunicaciones) y siguen las recomendaciones de la UIT aplicadas en el resto del mundo. Se utilizan bandas de VHF de 30-300 MHz y UHF de 300-3000 MHz. El límite inferior lo determina la propagación en el espacio libre y el superior el alcance radioeléctrico. Recordar que la movilidad no permite el uso de antenas de elevada ganancia y también impide la visibilidad directa. De hecho, la 'sombra' provocada por un obstáculo es mayor a medida que aumenta la frecuencia de uso. La banda asignada a telefonía celular fue prevista para ser compartida por los sistemas analógicos y digitales disponiendo de un ancho de 25 MHz en la banda de 800 y de 30 MHz. en la banda de 1900, así:

	Base al móvil	Móvil a la base
Banda de 800 MHz	**824 a 849**	**869 a 894**
Banda de 1.900 MHz	1.930 a 1.990	1.850 a 1.910

Tabla IX.T1 Bandas de fecuencias para telefonía móvil

6. Objetivos

Se entienden por "celulares" a los servicios de telefonía móvil automática **con estructura celular y reutilización de frecuencias**. Estos tipos de sistemas persiguen, entre otros, los tres objetivos esenciales:

1. USO EFICIENTE DEL ESPECTRO RADIOELECTRICO
2. REDUCIR AL MÍNIMO LA INTERFERENCIA COCANAL
3. LOGRAR UNA ALTA RELACIÓN PORTADORA INTERFERENCIA

Otros objetivos a lograr serán también:

4. mejorar el mecanismo de handoff (cambio de celda al desplazarse)
5. optimizar la división de la celda.
6. que la conmutación automática de canales sea transparente para el usuario.
7. máxima cobertura con una cantidad limitada de canales radio eléctricos.
8. capacidad para absorber la continua expansión del tráfico.
9. alta capacidad de abonados, – que persigue una mayor recaudación económica.
10. calidad telefónica similar al servicio fijo.
11. flexibilidad frente al crecimiento del sistema.
12. costo razonable para minimizar la inversión (maximizar las ganancias).

7. Principios básicos

Se harán algunas consideraciones para determinar el tipo de estructura celular, previa al establecimiento de la forma geométrica de las celdas. Se seguirán los lineamientos adoptados por las primeras investigaciones y pruebas sobre el tema., recordando que en aquel momento los sistemas eran analógicos (década de 1960).

Supongamos que se necesite servir un área determinada, por ejemplo el Gran San Miguel de Tucumán (1.000 Km²) y para la cual se dispone de 30 radio canales (15 canales dúplex). Con un transmisor de adecuada potencia se podría cubrir toda el área. Pero para una población de 50.000 potenciales usuarios, el sistema de 30 canales que solo podría soportar 15 llamadas simultáneas, colapsaría rápidamente y no se podría brindar el servicio deseado. Sabemos que aumentar la cantidad de canales podría solucionar ese problema, pero también sabemos que el espectro está acotado por lo que resulta en otra limitación para la comunicación.

En vista de que no es posible ni conveniente aumentar la cantidad de radio canales, una probable solución para incrementar la relación canales/superficie, sería disminuir la superficie, estableciendo áreas pequeñas servidas por un transmisor de menor potencia que el anterior. Si por ejemplo, dividimos la superficie en 50 celdas de menor tamaño (20 Km² c/u) servidas por el mismo sistema de 30 radio canales, estos aumentarían de 30 a 1500. Si esto funcionara, lograríamos multiplicar por un factor de 50 la cantidad de radio canales. Pero **el uso de la misma frecuencia haría inviable el proyecto** ya que, en las fronteras la interferencia (interferencias co canal) sería inadmisible y el sistema otra vez se quebraría. Sin embargo la idea de la división en celdas es admisible, siempre y cuando la **reutilización** de frecuencias se haga en celdas suficientemente alejadas entre sí.

Se pasa así de una zona muy grande servida por un solo transmisor de alta potencia a formar zonas compuestas por celdas más pequeñas con una frecuencia determinada y fija cada una, de tal manera de *reutilizar esas mismas frecuencias en las celdas próximas*.

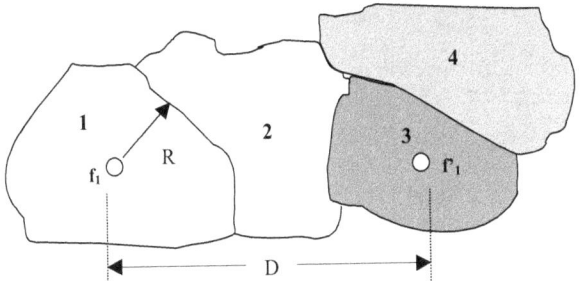

Figura IX.3 Reutilización de frecuencias.

Por ejemplo, la figura IX.3 representa un área que ha sido dividida en 4 celdas y luego agrupadas (cluster) de a dos ya que se disponen de dos pares de frecuencias idénticas, que para distinguirlas llamaremos f_1 y f'_1. Las celdas 1 y 2 pertenecen a un cluster, mientras que las celdas sombreadas (3 y 4) pertenecen a otro cluster.

Veamos cómo afecta este cambio de filosofía a la cantidad de usuarios que pueden atenderse por unidad de superficie η_E:

$$\eta_E = \frac{N}{S_T} = \frac{15}{1000} = 0,015 \; [\text{canales} /Km^2]$$

116

Si n es la cantidad de celdas en que se ha dividido toda la superficie, y a éstas las agrupamos en cluster de k celdas c/u, entonces:

$n = c \cdot k$ la superficie total S_t se ve dividida en c grupos y la eficiencia η_C resulta

$$\eta_c = \frac{N}{S_T \dfrac{k}{n}} = \frac{n}{k} \cdot \frac{N}{S_T} = c \cdot \frac{N}{S_T}$$

Supongamos hacer n=54 y k=3, resulta c=18

$$\eta_C = 18 \frac{15}{1000} = 0,27 \ [\text{canales/km}^2]$$

La ventaja obtenida resulta evidente, de modo que dividir el área en celdas cada vez más pequeñas (mayor n) reutilizando las frecuencias asignadas, parece ser la solución adecuada, pero se debe también considerar que la demanda del servicio es dinámica, por lo que es necesario que el sistema pueda en el futuro adaptarse al crecimiento de la cantidad de abonados. A pesar de todo, al alejarse el móvil del transmisor de frecuencia f_1 perteneciente a una zona y simultáneamente acercarse al transmisor de frecuencia f'_1 de otra zona, aparecerá la <u>interferencia cocanal</u> dependiente en general de la distancia D que separa a los transmisores de la misma frecuencia – denominada distancia de reutilización – y del radio de la celda R. Esta distancia D será directamente proporcional a la cantidad de celdas que formen el cluster o agrupamiento, y cada celda de estos clusters deberá tener una frecuencia diferente.

8. Factor de reutilización Q

Para poder evaluar las prestaciones de un sistema celular como el propuesto, es necesario estudiar la interferencia cocanal, que constituye su principal limitación y que depende de un parámetro Q llamado factor de reutilización expresado como:

$$Q = \frac{D}{R}$$

Obviamente, el valor de Q dependerá de la potencia radioeléctrica del transmisor de la base la cual determina el tamaño de la celda (R), y de la forma geométrica de las mismas, forma que define el valor de D.

Es interesante ver el desempeño del factor de reutilización Q, en función de la cantidad de frecuencias disponibles o cantidad de celdas por cluster k.

Es lógico pensar que a mayor cantidad de celdas en el agrupamiento, mayor será Q, sin embargo la proporción no es lineal como lo muestra el gráfico que sigue:

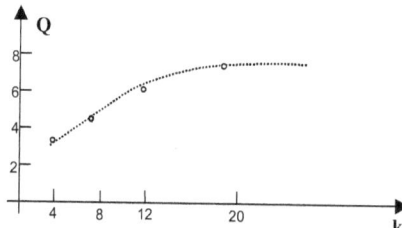

Figura IX.4 Variación de Q en función de la cantidad de celdas.

Se verá en § 11.2 que es conveniente que el valor de Q sea mayor que 5.

9.- Geometría de las celdas

Si consideramos que la radiación es en todas direcciones, que es homogénea y que no existen obstáculos, la forma geométrica más adecuada para las celdas, es obviamente, la de un círculo ya que al ser la antena omnidireccional, el diagrama de radiación será circular. Sin embargo esto trae problemas porque existen zonas de "sombra", no cubiertas por el transmisor, y zonas con solapamiento de dos o más celdas.

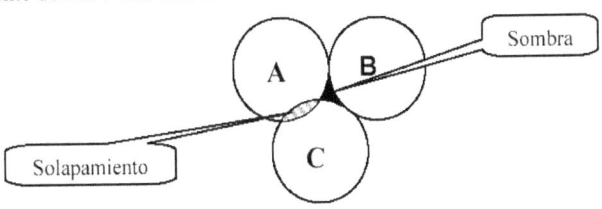

Figura IX.5 zonas de "sombra" y de solapamiento.

En la figura IX.5 puede apreciarse la zona entre las tres celdas que corresponde a la llamada "sombra", es decir, donde la radiación no es suficiente, ya que los valores aceptables son solo dentro del perímetro del circulo de radiación. La otra zona desfavorable es donde se superponen o solapan dos o más celdas porque ahí cohexisten dos frecuencias que producirían interferencias.

Estos problemas se solucionan al recurrir a otras formas geométricas capaces de cubrir toda una superficie plana sin dejar "sombras" o provocar solapamientos, tal como el triángulo, el cuadrado o el hexágono. El recurso de apelar a estas figuras, solo se hace con el fin de buscar una solución analítica al problema de la interferencia cocanal, que como ya vimos, es función de las dimensiones de las celdas, **D** y **R**.

9.1. Consideraciones para elegir celda hexagonal

Dado que **Q** depende de la geometría de la celda, para decidir cual contorno elegir, se fijará como parámetro de comparación el radio **R**, y se elegirá aquella figura que cubra una superficie mayor. Para simplificar los cálculos debemos hacer algunas suposiciones previas:

- que todos los transmisores radían la misma potencia

- que todas las antenas están a la misma altura

- que las condiciones de propagación son las mismas para todas las celdas (terreno homogéneo)

- que todas las antenas son omni direccionales

Se deja al lector, como ejercicio, la comprobación de los cálculos cuyos resultados se muestran a continuación.

$$\text{Sup. Triángulo:} \quad \frac{3}{4}\sqrt{3} \ R^2 \quad \cong 1{,}30 \ R^2$$

$$\text{Sup. Cuadrado:} \quad\quad\quad\quad = 2{,}00 \ R^2$$

$$\textbf{Sup. Hexágono:} \quad \frac{3}{2}\sqrt{3} \ \textbf{R}^2 \quad \cong \textbf{2,60 R}^2$$

$$\text{Sup. Círculo:} \quad \pi R^2 \quad \cong 3{,}14 \ R^2$$

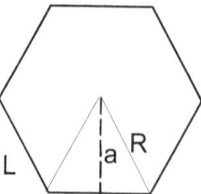

Figura IX.6 Parámetros del hexágono.

Vemos que teniendo en cuenta el rendimiento superficial, la forma más adecuada es la de un círculo, pero debido a las zonas de "sombra" radioeléctrica, su eficiencia espectral disminuye. Así entonces, las celdas hexagonales son las que cubren mayor superficie. Conviene aclarar que se habla de celdas hexagonales solo por simplicidad analítica, porque ya sabemos que la forma real y práctica es irregular, y cuyo aspecto depende de la geografía y de la urbanización de la zona, elementos que también provocan conos de "sombras" que son inevitables. No obstante valen los conceptos anteriores. En la figura IX.6 observamos los parámetros principales de un hexágono, donde **L** es la longitud del lado, **R** es el radio y **a** la apotema. Se cumplen las siguientes relaciones:

$$L = R \Rightarrow a = \frac{R}{2}\sqrt{3}$$

10.- Agrupamiento de celdas. Valor de Q

Habiendo establecido que para nuestros propósitos, la geometría óptima de la celda es hexagonal y que además la reutilización de frecuencias se logra agrupando las celdas en cluster o racimos de **k** celdas cada una, veremos que hay varias formas de lograrlo. Se pueden hacer grupos de 4, 7, 12, etc celdas y en cada caso la distancia de reutilización **D** será obviamente, diferente.

10.1 Cluster de 4 celdas

$$D = 4a = 4\frac{R}{2}\sqrt{3} \; ; \; D = R\sqrt{4 \cdot 3} \; ; \; D = R\sqrt{3 \cdot k}$$

Puede ponerse a En este caso k=4=i² y la letra i representa la cantidad de fronteras entre celdas que se cruzan al determinar D, siguiendo una misma dirección (cruces en la figura IX.7).

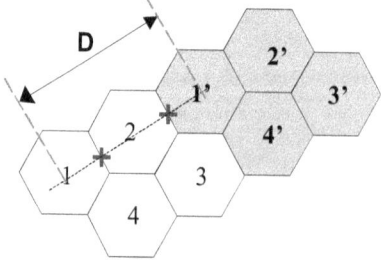

Figura IX.7 Grupo de 4 celdas.

$$Q = \frac{D}{R} = \frac{R\sqrt{3k}}{R} = \sqrt{3k} = \sqrt{3 \cdot 4} = 2\sqrt{3} \approx 3,5$$

10.2. Cluster de 7 celdas

$$D = d_1^{\,2} + d_2^{\,2} - 2d_1 d_2 \cos\alpha \ \text{ y como } \alpha = 120° \text{ resulta } D = d_1^{\,2} + d_2^{\,2} + d_1 d_2 \ \text{ además}$$

$$d_1 = 4a = \frac{4\sqrt{3}}{2}R = 2\sqrt{3}\cdot R \qquad d_2 = 2a = \frac{2\sqrt{3}}{2}R = \sqrt{3}\cdot R$$

$$d_1^{\,2} = 4\cdot 3R^2 \ ; \ d_2^{\,2} = 3R^2 \ ; \ d_1\cdot d_2 = 2\cdot 3R^2$$

$$D = R\sqrt{3\cdot(4+1+2)} \Rightarrow D = R\sqrt{3}\cdot k$$

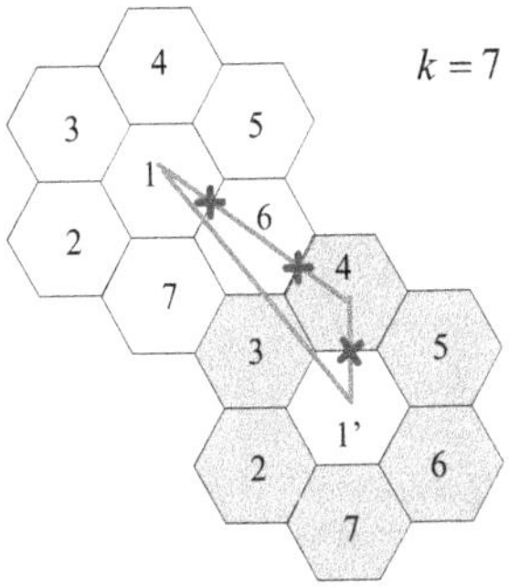

$$k = 7 = (4+1+2) = (2^2 + 1^2 + 1\cdot 2) \Rightarrow k = (i^2 + j^2 + i\cdot j)$$

$$Q = \frac{D}{R} = \frac{R\sqrt{3k}}{R} = \sqrt{3k} = \sqrt{3\cdot 7} = \sqrt{21} \approx 4{,}6$$

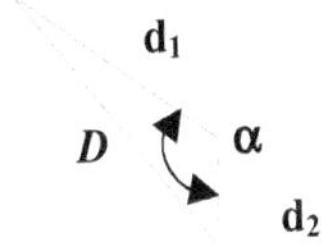

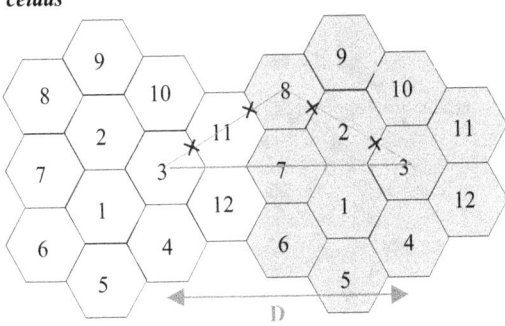

Figura IX.8 Grupo de 7 celdas.

Siendo k=7, los valores de i y j corresponden a los cruces por fronteras entre celdas en la dirección de d1 y de d2, respectivamente, marcadas en la figura IX.8 con cruces azules. Obsérvese que d1 y d2, son las direcciones perpendiculares a los lados de las celdas adyacentes.

10.3. Cluster de 12 celdas

Figura IX.9 Grupo de 12 celdas.

$$D = R + l + 2R + l + R = 6R = \sqrt{3\cdot 12}\cdot R \Rightarrow D = R\sqrt{3k}$$

$$k = 12 = 2^2 + 2^2 + 2\cdot 2 \Rightarrow k = i^2 + j^2 + i\cdot j$$

Los valores de i y j coinciden con los cruces de fronteras en las direcciones indicadas en la figura. Suelen llamarse direcciones i -j.

$$Q = \frac{D}{R} = \frac{R\sqrt{3k}}{R} = \sqrt{3k} = \sqrt{3\cdot 12} = \sqrt{36} = 6$$

10.4. Cluster de 19 celdas

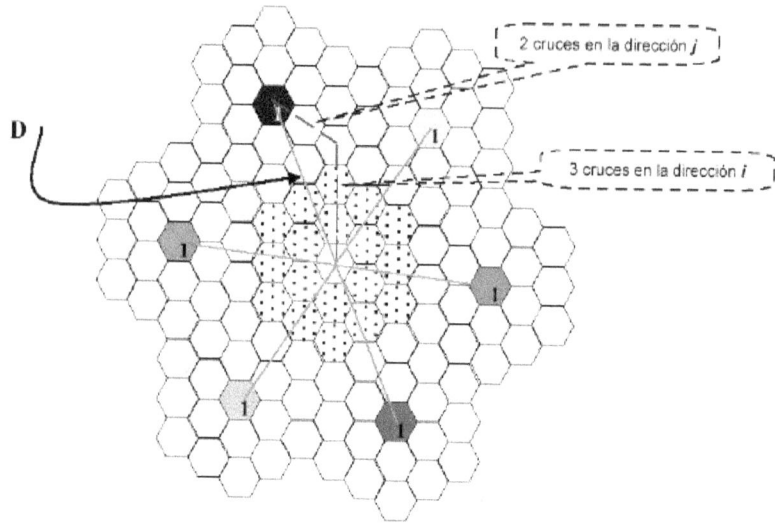

Figura IX.10 Grupo de 19 celdas.

$$D = 27R^2 + 12R^2 + 18R^2 = R \cdot \sqrt{3 \cdot 19} \Rightarrow D = R\sqrt{3k}$$

$$k = 19 = 3^2 + 2^2 + 3 \cdot 2 \Rightarrow k = i^2 + j^2 + i \cdot j$$

$$Q = \frac{D}{R} = \frac{R\sqrt{3k}}{R} = \sqrt{3k} = \sqrt{3 \cdot 19} = \sqrt{57} \approx 7,5$$

11.- Capacidad de un sistema celular

La capacidad de un sistema celular dependerá del ancho de banda del canal, del tipo de acceso que se trate, sea FDMA, TDMA, CDMA o GSM y de las interferencias que limitan sensiblemente la calidad y el desempeño. Esta capacidad se define como el número máximo de usuarios que pueden ser servidos en una determinada frecuencia. Concretamente, dependerá, como veremos, de la relación potencia de portadora a potencia de la interferencia C/I. Se consideran dos tipos principales de interferencia: cocanal y de canal adyacente.

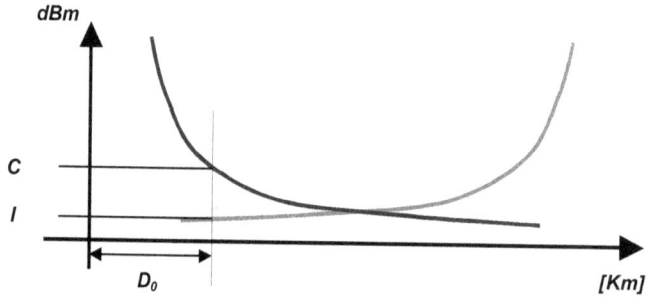

Figura IX.11 Relación portadora a interferencia

11.1 La interferencia cocanal

Puede darse tanto en el sentido ascendente, móviles de otras celdas a base, como en el descendente, base de otras celdas, siendo esta última la que más degrada la calidad. Para este caso la relación C/I para una determinada posición está dada por:

$$\frac{C}{I} = \frac{D_0^{-n_0}}{\displaystyle\sum_{x=1}^{M} D_x^{-n_x}}$$

D_0 : distancia a la estación base que la está atendiendo.

n_0: exponente de pérdidas por propagación en la celda considerada.

M: cantidad de estaciones base interferentes.

D_x: distancia a la x-ésima base interferente.

n_x: exponente de pérdidas asociada a la celda x-ésima. Usualmente n=4 para todas.

A manera de simplicación del cálculo, consideraremos:

1. Solo el anillo formado por las 6 bases correspondientes a las celdas más cercanas.

2. La distancia igual para todas y de valor **D**.

3. El peor caso, cuando el móvil esté en la frontera de su celda D_0 = R.

4. El factor de reutilización es Q= D/R = $\sqrt{3}$ $\sqrt{R}$

$$\frac{C}{I} = \frac{1}{6} \cdot (\frac{D}{D_0})^n = \frac{1}{6}(\frac{D}{R})^n = \frac{1}{6}(3k)^{\frac{n}{2}}$$

Tomando k= 7 resulta C/I=18,7 dB. (73,5 veces)

11.2 La interferencia de canal adyacente

Se debe a las imperfecciones de los filtros del receptor. Este problema es mayor cuando un abonado de un canal adyacente al considerado, está transmitiendo en la proximidad geográfica de un receptor que pretende escuchar una señal débil. De ahí la necesidad de – además de perfecionar los filtros – realizar una asignación de frecuencia adecuada, de modo de no dar canales consecutivos a una misma **BS** (estación base). Como para los filtros actuales se necesita una separación de al menos cinco veces el ancho de banda del canal, el factor de reutilización debe ser mayor que 5, de ahí que surge k=7 ó 12 en lugar de 4, ya que si:

k = 4 Q= 3,46 ; k = 7 Q= 4,58 ; k = 12 Q= 6

Ver figura IX.4. Entonces, las interferencias imponen una cota inferior al factor de reutilización Q.

Finalmente, como un ejemplo numérico, en el sistema AMPS que dispone de N=832 canales en total, la capacidad *m* = cantidad de usuarios que pueden ser servidos por una célula viene dado por:

$$m = \frac{3N}{Q^2} = \frac{N}{k} \leq \frac{3N}{(\frac{6C}{I})^{\frac{2}{n}}}$$

para k=7 resulta ser m < 118
y si k=12 =>m < 69

12.- Flexibilidad de los sistemas celulares

Se había mencionado que una vez que el sistema ha sido implantado, debe ser capaz de adaptarse a las variaciones de la demanda de servicio. Esta adaptación se puede realizar mediante varias técnicas de las que a continuación describimos tres:

12.1 Fragmentación Celular:

Si por ejemplo una celda se satura debido al incremento de los usuarios en su área de cobertura es necesario fragmentarla, para que de esa manera se incremente la cantidad de canales por unidad de superficie reduciendo **R** (radio de la célula) pero manteniendo **Q**. Esto produce una disminución de la distancia de reutilización **D**.

Si esta subdivisión se hace, por ejemplo, por mitades tiene las siguientes consecuencias:

- Se reduce **R** a la mitad.
- La superficie de la célula se reduce en un factor 4.
- La capacidad de tráfico se incrementa en un factor de 4.
- La potencia radiada debe reducirse en 2n veces (**n** es el exponente de pérdida de propagación)
- Aumento de la cantidad de hand off.
- Mayores costos por el incremento de **BS**
- Mayor precisión en la ubicación de las BS.
- Mayor exactitud en los de propagación

Esta fragmentación debe realizarse gradualmente y solo en zonas en donde es estrictamente necesario debido al incremento de los costos. Con este método se puede dar la coexistencia de celdas de muy diversos tamaños.

12.2 Sectorización

Los canales de frecuencia de cada célula se dividen en tantos grupos como sectores tiene la celda y cada grupo es usado en solo un sector. Con este procedimiento se intenta reducir Q manteniendo constante el radio R, lo que obviamente, también reduce D. Para ello se deben reducir las interferencias manteniendo la potencia radiada (R constante). La interferencia cocanal de reduce sustituyendo las antenas omnidireccionales por otras que radien en sectores específicos de la célula. La magnitud de la reducción de las interferencias dependerá del tipo de sectorización que se utilice; los más habituales son 3 sectores a 120° o 6 sectores a 60°. La cantidad de estaciones interferentes se reduce a 1/3 y a 1/6 respectivamente. Esta mejora puede aumentarse considerablemente si el diagrama de irradiación se inclina hacia abajo de modo de reducir la potencia que sale al exterior del perímetro de la celda. En la figura IX.12 pueden verse ambas sectorizaciones.

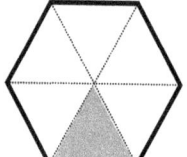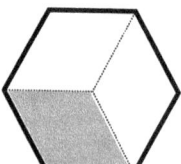

Figura IX.12 Sectores de 60° y 120°.

La mejora que se consigue en la reducción de las interferencias, proporciona un factor de reutilización menor, pero hace que la capacidad del sistema aumente, tal como se esperaba. Sin embargo el precio que se paga es: mayor número de antenas en cada célula, aumento de los hand off (al cruzar los sectores), y una menor eficiencia en el uso de los canales.

12.3 Asignación dinámica de frecuencias: GSM

En los sistemas celulares puede suceder que mientras una celda se encuentra congestionada por tener todos los canales en uso, celdas adyascentes posean canales libres. Este método consiste en la búsqueda, por parte de un control centralizado, de canales libres que satisfagan ciertas condiciones de ausencia de interferencia cocanal. Dadas esa condiciones, el canal encontrado se asigna a la estación base que lo haya solicitado.

Es fundamental que exista la posibilidad de que cualquier canal pueda ser usado por cualquier BS. Será necesario contar con un registro que contenga todas las frecuencias disponibles y quien esté usando tales canales. El análisis del trafico en estas condiciones resulta muy complejo por lo que se recurre a simulaciones por computadora. En nuestro país la tendencia fue hacia ese método, dado el impensable crecimiento del número de usuarios.

13.- Métodos de acceso

Estos sistemas requieren de métodos de acceso al servicio que sean capaces de permitir que varios usuarios compartan simultáneamente una parte finita del espectro radio eléctrico; se busca que ese número de usuarios sea el mayor posible sin que eso redunde en una degradación de la calidad.

Las técnicas de acceso múltiple en comunicaciones móviles son las que ya se estudiaron en los cursos anteriores de Comunicaciones:

FDMA (Acceso Múltiple por división de Frecuencia)

TDMA (Acceso Múltiple por división de Tiempo)

CDMA(Acceso Múltiple por división de Código)

El uso de un acceso u otro dependerá de cada sistema en particular, pero da lugar a clasificarlos en sistemas de banda estrecha o de banda ancha.

El sistema AMPS utiliza FDMA y canaliza los enlaces usando un caso particular de modo duplex. Esto es, utilizan una frecuencia para el enlace ascendente y otra para el descendente, siendo la separación entre ambas bandas constante para todo el sistema (45 MHz). Con esto se evita que dos **BS** se puedan oír entre sí directamente. Esta técnica se conoce como duplicación de canales y cuando se efectúa en el dominio de la frecuencia se la denomina **FDD** y si es en el dominio del tiempo, TDD. En este último caso, al ser la duplicación temporal, en un instante se transmite y en otro se recibe, se usa solo un canal de frecuencia, lo que simplifica el diseño del teléfono móvil.

14. Sistemas digitales

Los sistemas descriptos como AMPS fueron métodos analógicos que con el transcurso del tiempo fueron superados por las nuevas tecnologías digitales. Como las prestadoras y los diferentes laboratorios iniciaron sus propios desarrollos por caminos separados, dio lugar a la aparición de varios sistemas o estándares que compiten por lograr la aceptación de los mismos.

De entre los varios desarrollados se `pueden destacar el GSM que se describen en el capítulo X, y es el adoptado en nuestro país.

Referencias Bibliográficas:

GALOPPO, JOSÉ L.; SOSA, NATALIA. *Sistemas Celulares de Comunicaciones Móviles.* Ed Universitas. 2000.

PASCUAL, J.R.: DEL VALLE, E.E.: MACET, N.C.: ARJONA, L:R: ASENJO, S:F: LLACER. L:J:. *Comunicaciones Celulares.* Ed EudeNE. 1.998

ZAPATIEL LUIS, CARRASCO A., DFONT C., ARGAÑARAZ MARCELO. 1ª Exposición de Redes Celulares de Personal. UTN-FRT. 2.000.

-X-
GSM

1. Introducción

GSM es el acrónimo de Global System for Mobile communications (Sistema Global para las Comunicaciones Móviles). Era obvio que la tecnología digital iba a superar a los celulares analógicos, pero además debían mejorarse la insuficiente calidad frente a la telefonía fija, los servicios adicionales nulos, el precio y tamaño de los aparatos que eran ya relativamente grande y como si fuera poco, no se iba a poder cubrir la demanda a corto plazo.

GSM es una tecnología celular digital abierta, utilizada para la transmisión de voz y datos desde teléfonos móviles y diseñada para obtener un moderado nivel de seguridad. GSM difiere de la primera generación de sistemas inalámbricos por que usa tecnología digital tanto para los canales de control como para los de voz, compresión de la señal vocal y un método de acceso TDMA/FDMA ambos simultáneamente. Más adelante se listan las ventajas y novedades. Se encuentran en preparación la segunda y tercera fase (generación), donde se prevén otras bandas de frecuencia, primero agregando 20 MHz en la zona de 800 y 900 MHz y otros 150 MHz (dos bandas de 75) en la zona de los 1.8 GHz. Para esta última fase se utilizará el acceso por código o CDMA en el que se aplicarán las nuevas tecnologías tal como frequency hopping (saltos de frecuencia) y spread spectrum (espectro extendido). En §11 se hace una rápida descripción de ellas.

Es conveniente mencionar las ventajas logradas con este servicio digital frente al analógico. En el capítulo anterior se mencionaron los tres objetivos esenciales de cualquier sistema de telefonía móvil, objetivos que GSM cumple a la perfección, y se los menciona en primer término:

Gran robustez frente a la interferencia cocanal y al canal adyacente, lo que redunda en una menor distancia (D) de reutilización y por lo tanto mayor eficiencia espectral.

Transmisión simultánea de voz y datos (aunque a diferentes velocidades).

Confidenciabilidad en las comunicaciones gracias a la facilidad para cifrar y encryptar.

Elevada calidad de la señal de voz debido a las técnicas de control de errores y a la ecualización.

Operación y mantenimiento de la red más eficiente en virtud de la señalización (SCC#7) que permite protocolos aptos para dar protección contra fraudes, y sistemas de control de potencia de los móviles.

Posibilidad de servicios suplementarios de alta calidad y desempeño.

Simplificación de los circuitos de RF, disminución del consumo de energía, menor tamaño y peso. Logro debido las técnicas de acceso.

Todas estas ventajas permitieron un rápido avance tecnológico especialmente en lo que se refiere a las técnicas de codificación de voz, modulación y accesos de múltiples tipos; todo esto en afán de optimizar la calidad y el rendimiento del canal radioeléctrico. Se superaron dificultades tales como:

Restricciones a la velocidad binaria debido al ancho de banda reducido.

Corrección de errores.

Trayectorias múltiples.

ISI.

Retardos adicionales.

Perturbaciones por el movimiento lento (peatón) y rápido del usuario.

Las soluciones se encontraron rápidamente y se implementaron a modo de procesamientos específicos tanto al transmisor como al receptor, tales como:

Codificación de la voz.

Adecuado formato de los datos para los accesos múltiples.(codificación de canal).

Sistemas de modulación óptima para adecuar la señal de RF al canal estrecho.

Nuevas técnicas para el tratamiento de la diversidad.

Amplificadores de bajo ruido.

Recuperación del formato original.

2. Servicios provistos por GSM

En un principio se planificó GSM para ser compatible con ISDN en términos de los servicios ofrecidos y de la señalización. Sin embargo las limitaciones en términos de ancho de banda y de costos de las transmisiones radioeléctricas, no permitieron alcanzar la tasa de 64 Kbps de un canal B de la ISDN.

Usando las definiciones de la UIT los servicios pueden ser divididos en:

servicios portadores: Datos a un máximo de 9.600 bps. Internet, e-mail.

teleservicios: Voz, mensajes de texto (sms), envíos múltiples.

servicios suplementarios: Desvío y restricción de llamadas, llamadas en conferencia, numeración abreviada, etc.

GSM soporta los tres servicios mencionados en la denominada fase 1, pero se han previsto nuevos teleservicios y servicios portadores para la segunda y tercera fase de las especificaciones, prontas a difundirse comercialmente.

Una amplia variedad de otros servicios se ofrecen al usuario GSM, servicios cuyo límite solo está en la imaginación y creatividad de las prestadoras. Ya que GSM es digital no se requiere un módem entre el usuario y la red celular.

El servicio de mayor explotación en nuestro país ha sido sin dudas, el SMS (Short Message Service) paquetes de datos de hasta de 160 bytes/mensajes que se envían usando la técnica de almacenamiento y retransmisión (store and forward). En los envíos simples entre dos usuarios, se provee un reconocimiento al remitente. Cuando el MSM se envía a varios destinos y según el estado de la red, pueden quedar almacenados en la tarjeta SIM hasta una posterior retransmisión.

3. Arquitectura de una red GSM

Del mismo modo como se vio en el capítulo IX se puede describir una red GSM genérica similar al de la figura IX.2 la cual se dibuja con otra apariencia en la figura X.1.

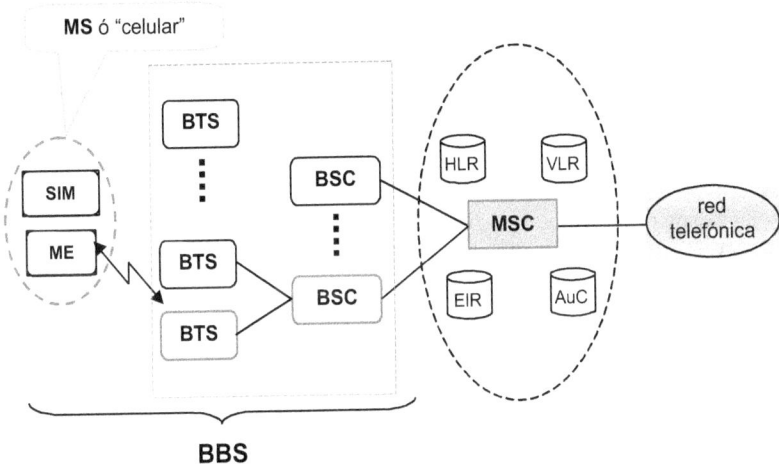

Figura X.1 Red GSM

SIM Suscriber Identity Module	BSC Base Station Controller	MSC Mobile Switching Center
ME Mobile Equipment	HLR Home Location Register	EIR Equipment Identify Register
BTS Base Transceiver Station	VHL Visitor Location Register	AuC Autentication Center

3.1 Subsistema estación base

MS: está formado por el **ME** (aparato celular o terminal) y el **SIM** de Suscriber Identity Module) vulgarmente llamada tarjeta o "chip". Esta última es la que permite al usuario la suscripción a todos los servicios. Incluso insertándola en otro aparato GSM se podrán hacer y recibir llamadas y suscribirse a otros servicios. El SIM posee todos los datos para poder identificar al usuario dentro de su área y también posee el **IMSI** (International Mobile Subscriber Identy) que es la identidad internacional del abonado móvil. Es la parte que personaliza al celular y aporta elementos de seguridad a través de su PIN de cuatro dígitos que le permite funcionar en cualquier aparato.

BSS: Se componen de dos partes, la **BTS** y la **BSC** quienes se comunican a través de una interfaz normalizada la que permite operar con equipos de diferentes prestadores. La BTS alberga el transmisor de radio, determina la celda y maneja el protocolo de radio enlace con el "celular". El BSC administra los recursos de radio de una o más BTS como la inicialización del canal radioeléctrico, los saltos de frecuencia, los handovers, etc. Es la conexión entre el teléfono móvil y el MSC. Es común que en cada BS haya hasta 16 tranceptores (Tx+Rx) cada uno de los cuales opera en un canal de RF diferente.

MSC es el componente principal. Actúa como un nodo de conmutación normal de la red telefónica pública (o de una RDSI) dando además todas las funciones necesarias para manejar el abonado móvil, tal como registración, autentificación, actualización de localización, handovers, señalización y servicios de roamming. Por lo general este bloque coincide con el Área de Localización de Móvil (ALM). Si el usuario pertenece al área el HLR maneja la llamada. Si es un visitante, el VLR tiene que pedir información al HLR donde el usuario se dio el alta.

HLR es el encargado de proveer el seguimiento y las capacidades roaming del GSM. Contiene toda la información administrativa de cada abonado registrado en la red (**IMSI**, n° de abonado, clave de autentificación) y su ubicación actualizada. Esta localización se realiza mediante una dirección del VLR asociado a la correspondiente MS. Lógicamente que hay un solo HLR por cada red GSM, aunque se puede implementar como una base de datos distribuida en toda la geografía que cubre dicha red. Si la llamada es entrante, el HLR determina si el móvil ("celular") es de su área o no lo es. En el primer caso la llamada se transfiere directamente. En el caso de que el celular no sea de su área, el HLR sabe cual VLR es del móvil y el conmutador local entrega la llamada al conmutador de salida.

VLR contiene información selectiva del HLR, necesaria para el control y la provisión de los servicios de abonado, para cada móvil localizado en ese momento en el área geográfica controlada por ese VLR. Pareciera que la información fuese duplicada (VLR y HLR) pero en realidad esa información se usa en forma distinta con un solo propósito: localizar el móvil. En efecto, cuando un móvil se enciende en alguna celda asignada al HLR donde fue dado de alta, lo único que hará será actualizar la información de su MSC. De no ser así el MSC lo inscribirá como visitante en el VLR propio y notificará al HRL de origen (donde fue dado de alta) para que, entre otras tareas, desviar las llamadas entrantes a dicho móvil. Si es una llamada saliente el sistema determina el tratamiento leyendo los archivos del VLR.

EIR es la base de datos que contiene la lista de todos los "celulares" válidos de la red, donde cada aparato es identificado por su IMEI (International Mobile Equipment Identity. Un IMEI es marcado como inválido si se lo denunció como robado o no es un equipo aprobado. Contiene n° de fabricante, país de origen, etc. Este característica es opcional para cada prestadora.

AuC es una base de datos protegida, que almacena una copia de la contraseña secreta de cada SIM de abonado ("chip") la cual se utiliza para autenticación y la encriptación del radio canal, dado que posee el mismo algoritmo que el chip.

4. Canales de RF Acceso FDMA

Las recomendaciones pertinentes ya había asignado para GSM 25+25 MHz en dos bandas por arriba de las bandas del AMPS (analógico) y también había previsto reservar hasta 10 MHz por cada una. No obstante, en nuestro país también se operará en la misma banda que los analógicos ya que se espera una total migración al nuevo sistema.

Como ya se mencionó, la conversación es digitalizada, codificada y transmitida por la red GSM como una trama digital en 200 KHz para cada canal de RF.

Como el espectro radioeléctrico es limitado y además debe ser compartido por todos los usuarios, debió diseñarse un método que permitiera dividir el ancho de banda disponible entre la mayor cantidad de usuarios posibles. El método elegido para GSM es una **combinación de FDMA con TDMA**, es decir un acceso mixto, por división de frecuencia y por división de tiempo. Los sistemas en los cuales la cantidad de canales es mucho menor que la cantidad de usuarios se denomina sistema "trunking".

El espectro asignado a la primera generación de GSM está en la banda de "900 MHz", y consiste de 50 MHz repartidos en dos partes iguales. Específicamente desde 890 a 915 y de 935 a 960 MHz.

Como las portadoras de RF están espaciadas entre sí 200 KHz esto permite colocar en los 25 MHz para cada enlace uplink (Tx del móvil) o downlink (Rx del móvil) 125 portadoras (25/0,2). Sin embargo debido a que se deja un espacio a modo de "guarda" de 100 KHz en cada extremo de la banda, solo se disponen de 124 canales (o portadoras) y de todas estas, una o más son asignadas a cada estación base (BS). Este es el acceso FDMA y son las frecuencias que se reutilizarán una y otra vez de 1 a 16 por cada BS.

La figura X.2 esquematiza la distribución de tales frecuencias.

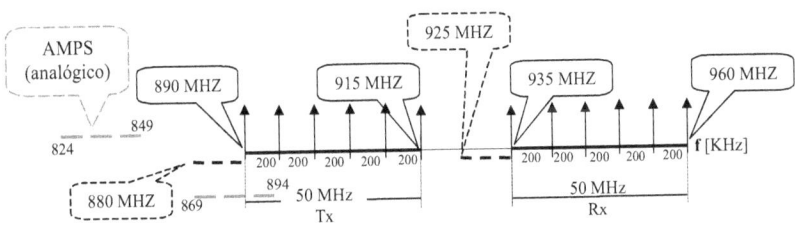

Figura X.2 Asignación en frecuencia (FDM) de las 248 portadoras.

El sistema Expandido "EGSM" incorpora 10 MHz más al inicio de cada banda (línea de trazos cortos) de subida y de bajada. Por otro lado el sistema de tercera generación o GSM fase 2+ o DCS-1.800 proveerá de dos bandas de 75 MHz en la zona de los 1,8 GHz no dibujada en X.2. También se han dibujado en líneas de trazos largas, las bandas del sistema analógico AMPS [824-849 y 869-894] que en nuestro país sería usado por GSM una vez que se migren a todos los usuarios del sistema anterior.

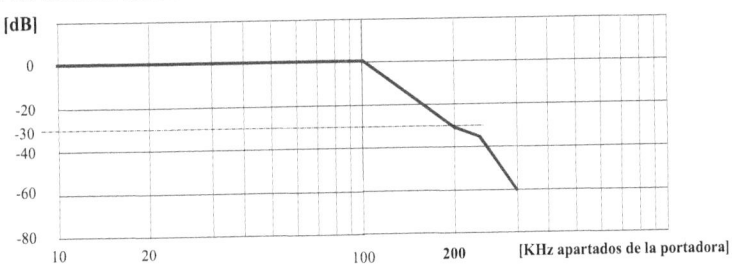

Figura X.3 Máscara para el espectro GSM

La señal de RF está modulada en frecuencia mediante el método GMSK (Gaussian Minum Shift Keying)[1] ya que el espectro de ese sistema es bastante estrecho como se exige. Por lo tanto las recomendaciones referentes a las características del mismo se dan a modo de una

---

1.　Ver *Transmisión de la Información*. Capítulo 2 del Autor.

máscara como la de figura X.3. El objetivo primordial es minimizar la interferencia del canal adyacente así que observe que para los 200 KHz la atenuación debe estar por abajo de los 30 dB, esto es más de mil veces! A partir de los 300 Khz la máscara varía entre -50 y -70 dB dependiendo de la potencia del móvil y del tipo de antena.

5. Trama digital; acceso TDMA

A cada una de esas portadoras se las "divide", en 8 (ocho) ranuras temporales para asignarlas a cada canal. Esta estructura se denomina trama TDMA y es la unidad fundamental de este tipo de acceso tiene 4,615 milisegundos de duración. Ver figura X.4. Si se agrupan 26 (veintiséis) de estas tramas se forma una multitrama que dura 120 milisegundos.

Cada una de estas ranuras se llaman "burst period" (BP) o ráfaga que son de ~577 microsegundos de duración.

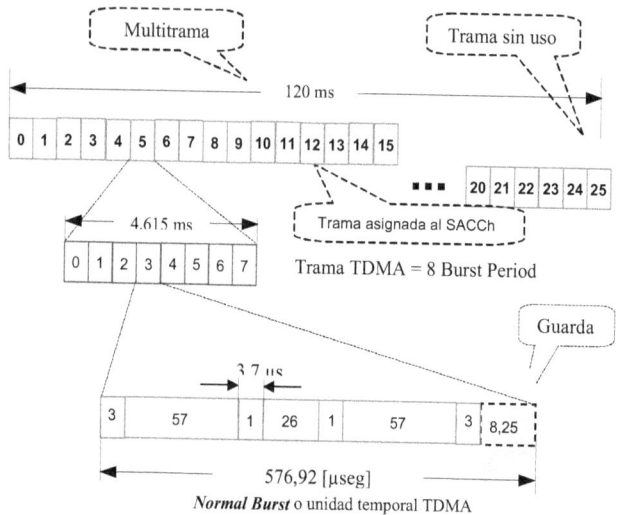

Figura X.4 Organización de tramas y multitramas TDMA

Cada usuario usará esa ranura cíclicamente (de a ráfagas) cada 4,615 milisegundos. Finalmente cada BP se divide en 156,25 intervalos dedicados a diferentes fines, resultando cada uno de duración t = 3,692 [μseg]. En las figuras X.4 y X.5 se muestran más detalles.

Los canales se nombran con el número correspondiente a su posición en la multitrama. Así de las 26 tramas dibujadas solo 24 se usan para el tráfico de voz, de la 1 a la 11 y de la 13 a la 24 mediante la asignación a los denominados TCh (Traffic Chanel). Una trama, la número 12 se usa para el SACCh (Slow Associated Control Chanel) y la número 25 está reservada para usos futuros.

Se intuye fácilmente que las técnicas TMDA incrementan considerablemente la complejidad del sistema pero a cambio de aumentar la capacidad junto a otras ventajas adicionales, sin que sea necesario incrementar el ancho de banda de cada usuario. También puede entenderse que existirán varios tipos de canales con distintos tipos de tráfico.

Una multitrama como la de la figura X.4 tiene las trece primeras tramas dedicadas al transporte de voz (0 al 12). En la trama n° 13 se coloca a información de control perteneciente al canal lento de control asociado (SACCh). Y la última no lleva información denominándose trama vacía, aunque en rigor se la usa para monitorear la amplitud de las celdas vecinas.

5.1 Estructura de la ráfaga (burst)

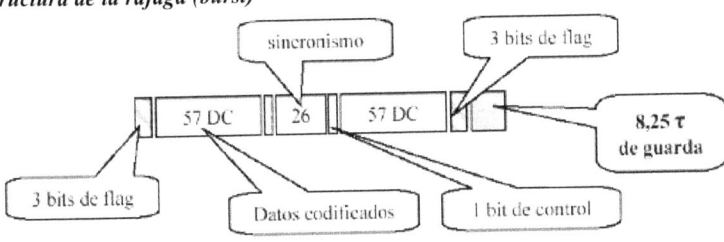

Figura X.5 Estructura del burst

Los tres bit de flag sirven para delimitación, para brindar un tiempo de protección o guarda y para establecer el estado inicial del demodulador. Son puestos a "0" siempre.

Los datos de usuario y los datos de control se ubican en dos grupos de 57 bits cada uno.

El sincronismo se obtiene enviando 26 bits de una secuencia conocida por el móvil y por la base y sirve además para compensar los efectos de la propagación por diferentes caminos.

Se incluyen dos bit de control a cada lado del sincronismo para indicar que es tráfico o señalización de hand-over. En el primer caso se ponen a "1" y en el otro a "0".

La suma de todos estos bits es 3+57+1+26+1+57+3=148. Equivalen a 148 t [µsegundos]. En las figuras anteriores los números 57, 25, 3 y 1 representan cantidades de t aunque erróneamente se los llama bits. A continuación se explica y se salva el error.

Finalmente el bloque de la discordia. Generalmente se indican como 8,25 bits cuando en realidad son **8,25 duraciones de bit**, o sea 8,25 t! Como t = 3,692 [µseg] equivalen a 30,459 [µseg].

Entonces, la duración total del burst o ráfaga es:

$$148 t + 8,25 t = 156,25 t = 546,416+30,459 = 576,875 \text{ [µseg] } ˜ 577.$$

Habiendo hecho esta salvedad y **aceptando que se transmiten 156,25 bits** en ~ 0,577 mseg se logra una tasa de 270,83 Kbits/seg. En verdad 270,83 **KBaudios** porque la duración de los pulsos binarios t, no es la misma (el último pulso dura 8,25 t)

6. Comparaciones de AB

Las comparaciones, dicen, suelen ser odiosas. Pero no queda otra salida para ver las bondades del sistema GSM frente a los analógicos como el AMPS. En estos últimos el ancho de banda asignado a cada canal era de 30 KHz y de 12,5 KHz (en los de banda estrecha). La asignación de 200 KHz dada al GSM parece ser grande frente a esto, pero al hacer TDMA se divide 200/8 por lo que cada canal de tráfico de voz pasa a ocupar 25 KHz lo que lo deja bastante próximo. Aún así parece no ser un buen rendimiento espectral ya que no hay una marcada mayor capacidad, sin embargo no hay que olvidar la calidad y los servicios adicionales provistos por GSM, que para que un AMPS lo conseguiría requeriría aumentar considerablemente el ancho de banda.

7. Método de transmisión

Ya se reseñaron en §1 las ventajas y bondades de este sistema digital. De entre ellas, una es muy importante para el usuario: el ahorro de potencia de los equipos móviles. Se la obtiene así: como la trama se va repitiendo continuamente en el tiempo y como a cada usuario se le asigna una determinada unidad TDMA (o ranura) el equipo móvil que transmite, digamos en la ranura 5 (de las 8 disponibles), permanece inactivo (apagado) durante las restantes 7 ranuras para recién volver a hacerlo en la ranura 5 de la siguiente trama. A este método se le llama transmisión pulsada o de a ráfagas. De esta misma situación se saca otra ventaja, ya que el móvil no está obligado a transmitir y recibir simultáneamente se puede "separar" en el tiempo, el tráfico ascendente del descendente evitando los costosos duplexores. El resultado es que el aparato es más pequeño, más liviano y más barato, gracias a la ausencia de duplexor y a batería de menor capacidad. La separación entre Tx y Rx se ha establecido en 3 ranuras como lo indica la figura X.6 y no es más que un dúplex temporal.

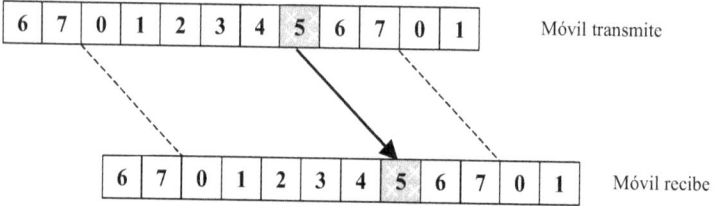

Figura X.6 Dúplex en el tiempo

Un problema más: la conmutación del estado encendido al apagado del transmisor crea frecuencias nocivas de considerable potencia que afectan a las ranuras adyacentes, por eso se han creado especificaciones muy rigurosas que indican el modo en que debe ser la potencia de la ráfaga en función del tiempo. La máscara de la figura X.7 muestra la recomendación

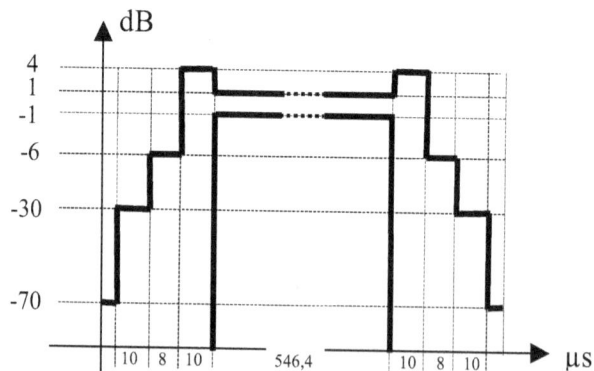

Figura X.7 Máscara de la ráfaga de potencia vs. tiempo

Vemos que a cada extremo, la potencia de la señal debe variar bruscamente a más de 70 dB en 28 μsegundos. Este tiempo equivale a la duración de 7,58 t y dada esa variación tan grande es que no se transmiten bits con información en esos extremos, es una especie de guarda para las ranuras adyacentes. En cambio en la parte central de la ráfaga o burst, donde la potencia debe ser constante se mandan los bits con información. Son 546,4 µseg que equivalen a 148 tiempos de bit (t).

8. Vías de comunicación

En los protocolos de comunicaciones es común que se mencionen canales físicos y canales lógicos[2] y aquí en las recomendaciones de GSM se tienen ejemplos más que claros. Si bien estos están disponibles para cualquiera de los usuarios, una vez que son asignados no cambian, es decir que el número de la ranura temporal será la misma mientras dure la conversación establecida.

8.1 Canal físico

Las ráfagas que se emiten de los móviles y bases han sido multiplexadas primero en frecuencia (FDM) y luego en el tiempo (TDM) que se transmiten como señales de RF en la banda de UHF. Estas vías, formadas por ranuras temporales y bandas de frecuencia, constituyen el canal físico. Entonces el canal físico de una señal en GSM es una combinación de una banda de frecuencia de 200 KHz y una ranura temporal de ~577 µseg. Por lo tanto si hay 124 portadoras y cada una se divide en 8 ranuras temporales, hay 992 canales físicos en cada banda de 25 Mhz. Compárese esta cantidad frente a los 666 del sistemas AMPS.

8.2 Canal lógico

Ha de intuir el lector que la información que se transmite por esos canales físicos no siempre es la misma. Las hay de diferentes tipos, como voz, datos de usuario (sms, mails, etc.), datos de control, supervisión, etc. Además el sentido del tráfico puede ser de transmisión o de recepción, aunque siempre por la misma vía física. Pues estos tipos de tráfico constituyen los **canales lógicos**.

Los canales lógicos pueden agruparse en dos clases, según sea el tipo de información que transporten: si son de voz o datos de usuario se denominan canales de tráfico **TCh (Trafic Chanel)**, o si son datos de control se llaman **CCh (Control Chanel)** para señalización, supervisión, mantenimiento, etc, (ver capítulo VII).

Los **TCh** pueden ser varios según la velocidad digital que posean. En la primera fase se usará para voz un régimen binario de 13 Kbps denominado full rate speed o TCh/FS. En la fase 2+ se usará un codificador de voz que reducirá el régimen binario a la mitad, esto es 6,5 Kbps y se llamará half rate speed o TCh/HS. Esta alternativa permitirá duplicar la capacidad del sistema GSM. Se prevén transmisión de datos de usuario a diferentes velocidades como 2.400, 4.800 y 9.600 bps, para lo cual la nomenclatura de estos canales hacen referencia a esas velocidades como TCh/F24, TCh/F48, TCh/F96. Los de media pasarán a ser TCh/H12 y TCh/H24, TCh/H48.

Los **CCh** se pueden dividir en cuatro clases:
- de difusión BCCh (Broad Cast Channel)
- de control común CCCh (Common Control Channel)
- de control asociado ACCh (Associate Control Channel)
- de control dedicado DCCh (Dedicate Control Channel).

---

[2] Ver "Transmisión de la Información" Capítulo VI y VII del Autor.

En cada clase existen varias subclases excepto en el control dedicado que hay uno solo. No es de importancia para esta obra la descripción de ellos pero de cualquier modo, el lector interesado encontrará información abundante en la bibliografía de referencia.

Para que no queden dudas: se puede decir de manera muy simple que un canal físico está identificado con el medio de transmisión y el canal lógico, con el tipo de información que va por él.

9. Controles y ajustes. Tamaño de la celda

Se ha hecho referencia anteriormente a que el sistema GSM proveía control de potencia de emisión del móvil. También es capaz de realizar ajustes de tiempo En efecto, esto es así porque dentro de una misma celda, móviles diferentes pueden estar ubicados, uno muy cerca y el otro muy lejos de la estación base, situación que provoca que tanto la atenuación como el retardo sean completamente diferentes. Y como el sistema de acceso requiere de un sincronismo muy exigente se emplean dos métodos.

El primero se denomina "control power" y el sistema ordena al móvil a adecuar su potencia en función de la distancia, de manera que todas las potencias que llegan al receptor de la base sean aproximadamente iguales para todas las ranuras temporales, logrando bajar la interferencia cocanal y disminuyendo el consumo del aparato celular. La reducción de potencia se va haciendo de a pasos de 2 dB cada uno. Hay otro tipo de control de potencia, que en realidad, es una medida por parte del móvil, del nivel de las potencias de las estaciones bases de las celdas circundantes más próximas a su ubicación, para así decidir y facilitar el hand-over. Esta medición se hace por medio del canal de control BCCh.

El segundo método se llama "timming advance" y consiste en evitar la colisión en el tiempo de ranuras adyacentes. Se logra ordenando a aquellas ráfagas que estén llegando atrasadas, a que adelanten su transmisión con referencia al reloj del sistema.

A propósito del ajuste de tiempo, éste está relacionado con el tamaño máximo en Km de la celda, tamaño que se calcula a partir de la cantidad de bits asignados para el timming advance que son seis. Entonces con 6 bits se pueden representar 2^6 combinaciones o cantidad de ranuras a adelantar. Si cada ranura tiene una duración de 3,69 microseg se obtiene 64 x 3,69 ¨ 236,16 microseg y consideramos que la señal de radio viaja al 90% de c, obtenemos que en ese tiempo recorrerá aproximadamente 64 Km, pero teniendo en cuenta la ida y la vuelta, el tamaño sería de unos 15 a 16 Km de radio.

10. Las capas ISO del GSM

El modelo de referencia OSI presenta 7 capas, pero las comunicaciones móviles se realizan solo en las tres primeras. La figura X.8 muestra el modelado de un sistema GSM comparado con el de la ISO. Cada pila representa a cada una de las unidades marcadas con trazo de grueso en la figura X.1.

10.1 Capa Física:

Como ya se dijo en §4 GSM utiliza una combinación de FDMA y TDMA. El canal (de radio frecuencia) es, como en todos los sistemas de comunicaciones, el que provoca los mayores problemas de ruido, interferencia y distorsión. Dado que cada frecuencia de portadora se divide en 8 ranuras temporales, todos los usuarios necesitan disponer de una de ellas, así que durante una comunicación siempre usará la misma. En esta capa también se realiza la conversión

A/D, donde codificación, cifrado y modulación son algunas de las funciones dentro de este proceso.

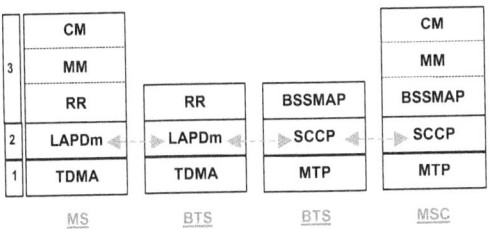

Figura X.8 Modelado de GSM

MS	BSC	BTS	MSC
Mobile Station	Base Station Controller	Base Transceiver Station	Mobile Switching Center

Nuevos procedimientos electrónicos y de software se han implementado en el GSM dándole características de avanzada tecnología, se sintetizan en §11.

10.2 Capa Enlace

Sus principales funciones son: organizar los valiosos datos de capa 3 en tramas numeradas. Realizar un intercambio entre pares (como lo indican las flechas) de los datos de señalización en formato reconocible. Realizar los reconocimientos de tramas I y de tramas U.

10.3 Capa Red

- Los protocolos GSM de nivel 3 se usan para conectarse con los recursos de la red, para los formatos de los códigos y para administrar los mensajes entre las muchas entidades involucradas en el proceso de llamadas. A fin de simplificar, se pueden dividir en tres subcapas a saber:
- RR ó Radio Resource Management (administración de los recursos de radio) su tarea principal está relacionada con el establecimiento, mantenimiento y finalización de las conexiones de radio específicas.
- MM ó Mobile Management (administración del móvil) donde las tareas pueden dividirse en tres grupos de procedimientos, relacionados con las conexiones, con la administración específica del móvil y con los procedimientos comunes.
- CM ó Conenection Management (administración de la conexión) contiene todas las entidades que posibilitan los servicios suplementarios, los SMS etc.

11. Innovaciones y evolución a la fase 2+.

El sistema GSM ha traído para comercializar masivamente, una tecnología innovadora que rápidamente se transformó en estándares comunes, no solo para la telefonía móvil sino para los sistemas de comunicaciones en general. A continuación se mencionarán algunas de esas técnicas, simplemente a modo ilustrativo ya que el tratamiento detallado de las mismas excede el alcance de este texto. Se sugiere la lectura de la referencia bibliográfica capítulo 8.

Está de más recordar las ventajas derivadas de la digitalización de la voz. Muy por encima de las técnicas de conversión A/D dadas por el teorema del muestreo de la señal vocal a 8 KHz y de su "socio" PCM a una tasa de 2,048 Mbps o de los 64 Kbps del canal B de RDSI, con sus relativos pero elevados anchos de banda, GSM nos ofrece una más que interesante aplicación de los postulados de Shannon con su reconocido intercambio AB por S/N y desde la simple pero muy importante reducción de potencia hasta codificación de canal.

11.1 ecualización de canal (delay spread)

Debido a las reflexiones de la señal de RF en todos los objetos edilicios y orográficos llega al receptor una señal que es la suma de otras varias similares pero con distinta atenuación, fase y retardo (portadora y ráfagas). El sistema que compensa esa diversidad ha sido llamado delay spread y se fundamenta en la estimación de la respuesta del canal, y así construir un filtro inverso para hacer pasar por él la señal. A fin de poder estimar la función de transferencia del canal hace falta un algoritmo apropiado y una secuencia conocida de bits. Esta secuencia es la denominada de ecualización o sincronismo en la figura X.5 y corresponde a los 26 bits del sector medio de la ráfaga. Entonces, el receptor al detectar esa secuencia conocida, es capaz de calcular los coeficientes del filtro inverso que servirán para decodificar (demodular) los 114 bits de datos que llegan en esa misma ráfaga. Se diseñó el ecualizador para que sea capaz de corregir retardos de hasta 16 µseg y para velocidades del móvil de 250 Km/h.

11.2 Salto de frecuencia FH (Frecuency Hopping)

El canal radioeléctrico presenta desde el punto de vista estadístico una distribución del tipo de Rayleigh que lo hace muy hostil para la señal en movimiento. Mediante esta técnica y junto al entrelazado (ver 11.6) se logra obtener una distribución del tipo gaussiano, mucho menos hostil. En GSM se lo conoce como slow frequency hopping, siendo lo de lento para diferenciarlo del salto rápido que se utilizará en los CDMA.

Su funcionamiento y aplicación es más o menos así: cuando el móvil se encuentra en los bordes de su celda o en lugares de mucha interferencia, la calidad de la señal en el receptor de la base disminuye notoriamente, entonces ésta le ordena que conmute del modo portadora fija al modo SFH suministrándole el juego de frecuencias disponibles en esa base y el algoritmo que determina cómo se salta de una a otra. Estas formas pueden ser cíclicas o pseudo aleatorias.

Sintéticamente, consiste en "repartir" una señal entre varias pequeñas bandas de frecuencia, de modo que cada trama se transmite en un determinado instante y con una determinada frecuencia. El emisor sabrá donde recoger el trozo de señal en el tiempo. La figura X.9 grafica lo dicho. El invento original se le atribuye a la actriz e ingeniera austríaca Hedy Lamarr.

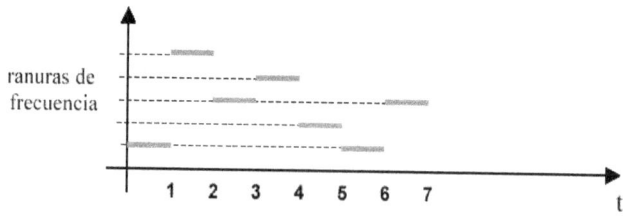

Figura X.9 Frecuency Hopping

11.3 Transmisión discontinua DTx

Un interesado alumno y lector sagaz de los asuntos de telefonía, habrá notado que en una conversación entre dos personas normales y corteses (que cada cual hable cada vez sin solapamientos) los tiempos de las pausas son más largos que los de la propia conversación. Aprovechando esta situación no se emite en las pausas con lo que se ahorra el consumo del celular, se disminuye el tráfico aéreo y se reduce la interferencia cocanal. Para esto el transmisor deberá saber identificar la presencia de voz, lo cual se logra con el VAD (Voice Activity Detection). Claro, habrá que poder diferenciar también la voz del ruido sobre todo cuando la conversación es en "voz baja"; esto se consigue mediante el análisis de las diferencias de las características espectrales entre la voz y el ruido.

Sabrá también el lector que por una cuestión subjetiva asociado al cerebro, el otro abonado, el del lado del receptor, le resulta muy molesto el silencio total, razón por la cual en esos casos se envía una secuencia llamada trama SID (Silence Descriptor) por el canal SACCh en la multitrama #12, lo que ocurre cada 480 mseg esto es cada cuatro tramas.

11.4 Codificación de la voz (Voice encoder)

Este aspecto es de importancia primordial en GSM tanto que se supone que es lo que permitió el éxito de este sistema: enviar señal de voz digitalizada a tasas que redujeron a poco más de un 20% la velocidad RDSI de 64 Kbps a solo 13 Kbps y que llegará a la mitad, 6,5 Kbps, en la fase 2+.

El codificador vocal ha demostrado tan buen desempeño en la práctica que es utilizado en aplicaciones diferentes a GSM como por ejemplo voz por IP.

Como ya se sabe cuando la voz viene digitalizada de las centrales de conmutación de telefonía fija, llega a 64 Kbps pues se muestrea a 8.000 Hz y se codifican no uniformemente (ley A) con 8 bits. Pero el celular que capta la voz por el micrófono debe convertirla en digital mediante muestreo, también lo hace a 8 Khz pero codifica uniformemente y con 13 (trece) bits, formato necesario para el codificador vocal. En consecuencia a la señal RDSI que llega a la estación base, solo se le cambia el formato nada más. Estas operaciones entregan una señal digital a una tasa de 104 Kbps (8x13) lo que es muy grande para modular una portadora de RF (AB muy grande), se requieren tasas menores a 16 Kbps. Aquí comienza a operar el codificador haciendo uso de las propiedades de predicción lineal (o a largo plazo) y eliminando al máximo la redundancia de la señal de voz. Las siglas en inglés de estos aparatos son:

- **RPE-LPC**: codificador de predicción lineal excitado por pulsos regulares
- **MPE-LTP**: codificador de predicción lineal excitado con multipulso y predictor a largo plazo.

Obviamente la descripción del funcionamiento excede el alcance de esta obra por lo que se sugiere remitirse a la bibliografía especializada.

11.5 Codificación de canal.

Bueno, esto no es nuevo, ya lo predijo Shannon en 1.948: la codificación de canal es, agregar bits redundantes con el fin de mejorar las condiciones hostiles del medio mediante las técnicas de detección y de corrección de errores. La primera usa códigos[3] cíclicos y la corrección utiliza códigos convolucionales.

11.6 Entrelazado (interleaving)

Este proceso persigue dos objetivos: primero dispersar los bit codificados para que los errores debido al ruido impulsivo que se producen de a ráfagas o como ristras (errores múltiples) se

---

[3] Ver Transmisión de la Información 2" capítulo 3 del autor.

transformen en errores simples fácilmente corregibles. Segundo: evitar que el reordenamiento de los bits se haga de manera periódica. Los algoritmos de este sistema usan fórmulas combinatorias para dispersar los 114 bits de datos, pero en la práctica debido a que el tiempo insumido por esos algoritmos excede lo permisible, se recurre a tablas (8 tablas de 57 entradas) donde se indica la correspondencia de los bits de la trama con los de la tabla.

11.7 Espectro ensanchado (spread spectrum)

La idea primigenia y fundamental de ensanchar el espectro proviene de Claude Shannon (1.949) y su conocida expresión de la capacidad de un canal $C=B \log_2(1+S/N)$ [bps]. En efecto, la capacidad C puede mantenerse constante aumentando el ancho de banda y reduciendo la relación S/N.

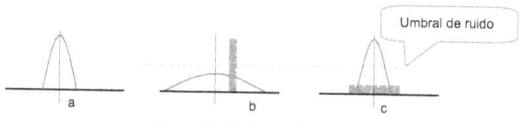

Figura X.10 Spread Spectrum

Se logra ensanchar el espectro de la señal transmitiendo cada bit "1" con una secuencia fija de 10 pulsos de ancho 1/10 veces el bit de la señal. En caso de que el bit sea "0", se transmite la secuencia invertida.

En la figura X.10a se muestra el espectro de datos original, en 10b el espectro ensanchado en el que se ha superpuesto una "interferencia" o ruido de AB estrecho. En 10c muestra el espectro recuperado (desensachado) donde se puede ver que la interferencia (o ruido) presenta un nivel de potencia inferior al umbral de ruido admisible

Referencias Bibliográficas

PASCUAL, J.R.: DEL VALLE, E.E.: MACET, N.C.: ARJONA, L.R: ASENJO, S:F: LLACER. L:J: *Comunicaciones Celulares*. Ed EUdeNE 1.998.

APÉNDICE A

1. El inventor del teléfono

Lo que sigue es un un recorte periodístico de la agencia DyN fechado el 12/12/1.999 y publicado en el diario "La Gaceta" de Tucumán, en donde se informa que el Congreso de EEUU admitió que el inventor del teléfono fue el italiano Giuseppe Meucci.

Figura A.1 Ahora se supo que Graham Bell no inventó el teléfono. Reivindican al italiano

Hasta hace poco tiempo se aceptaba que la invención del teléfono era obra del norteamericano Alejandro Graham Bell que lo dio a conocer el 2 de junio de 1.875 y presentó la solicitud de patente el 14 de febrero de 1.876. No es intención polemizar la autoría de tan trascendente invento, así que para quienes la curiosidad es mayúscula, a continuación, se dan más referencias y sitios web relacionados, pero se deja al libre albedrío del lector la aceptación de una u otra verdad. histel.com/z_histel/biografias.php

2. Síntesis del desarrollo telefónico en Argentina[1]

En nuestro país, a fines del año 1.880 apareció en Buenos Aires el primer sistema telefónico, cuando un delegado de la "Societè du Pan-Telephone de Locht" (SPTL) estableció un rudimentario servicio telefónico con sede en un pequeño local anexo a la imprenta "La Minerva" de calle Florida 54. Este servicio contaba con veinte abonados de entre los que figuraban como tales, la Sociedad Rural Argentina y el Club "El Progreso".

Al poco tiempo se instalaron dos compañías más: la "Gower Bell Telephone Company", y la "Compañía Continental de Teléfonos Bell Perfeccionado", (CCTB-P) las que mediante decretos del gobierno argentino estaban autorizadas a brindar servicios de telefonía en Capital Federal y el municipio de Buenos Aires.

En 1.881 se autoriza a la SPTL a ampliar sus servicios transformándose también en la denominada Sociedad de Panteléfono. El 16 de diciembre de 1.882 ésta última se fusiona con la CCTB-P dando origen a una nueva entidad: "Compañía Unión Telefónica", cuyos estatutos se aprobaron por decreto el 10 de mayo de 1.883.

Con el propósito de explotar el servicio telefónico en el Río de la Plata, se constituye en Inglaterra la empresa "United River Plate Telephone Company", (UT) reconocida oficialmente el 14 de abril de 1.887.

La primera línea directa fue establecida entre el despacho presidencial y la residencia del entonces presidente de la República, el tucumano, Gral. Julio Argentino Roca, en la calle San Martín n° 577. La primera comunicación de larga distancia fue realizada por Bernardo de Irigoyen entre la antigua estación Parque del entonces ferrocarril Oeste (lugar donde se encuentra el Teatro Colón actualmente) y la localidad de Chivilcoy, utilizando para ello las líneas telegráficas del ferrocarril.

El próximo salto tecnológico fue la instalación de sistemas de "batería local" con llamada a magneto, lo que duplicó la cantidad de abonados. Antes de 1.887 quedaron establecidas las primeras líneas suburbanas entre la Capital Federal y localidades como San Isidro, Adrogué, Tigre, Morón, Quilmes y otras. Ese mismo año se instaló la primera línea de larga distancia dedicada exclusivamente al servicio telefónico, entre la Bolsa de Comercio de Buenos Aires y la oficina telefónica de Chascomús.

Por decreto del 28 de octubre de 1887 fue autorizada la empresa "Ramos,Capurro y Cía." a establecer comunicaciones telefónicas y telegráficas entre Buenos Aires y Montevideo. Este servicio quedó oficialmente inaugurado el 1 de noviembre de 1.889 y se constituyó en una de las primeras comunicaciones internacionales del mundo, al mismo tiempo que fue el primer cable submarino dedicado a la telefonía.

En 1.890 el servicio de teléfonos de Buenos Aires contaba con 6.000 abonados. En el año 1.905 se instala en la central "Avenida" el primer sistema a batería centralizada (utilizada en nuestros días) con lo que se inicia el desalojo de los sistemas a batería local, los que se reinstalan en los pueblos suburbanos.

---

1. (fuente: ENTel División I.E.C)

En el año 1915 se instala en la ciudad de Córdoba la primera central automática, con una capacidad de 2.000 abonados. A este gran salto le sigue en 1.917 la instalación en la ciudad de Rosario otra central automática pero con capacidad ara 10.000 líneas.

En 1.919, gracias a repetidores a válvulas termoiónicas se instala una línea entre Buenos Aires y Córdoba.

Finalmente en 1.923 comienza la conversión del sistema manual al automático en la Capital Federal, llegando al año 1.939 a tener todas las centrales automáticas, excepto una que no pudo completarse debido al inicio del conflicto bélico.

Ya en 1.930 se había encarado el estudio para encauzar el tráfico telefónico desde y hacia la Capital Federal por dos grandes rutas, a través de cables subterráneos entre esta ciudad y Luján y Adrogué.

En 1.934, por disposición legal se ordenó la interconexión del sistema de la UT con los del interior del país, atendidas por ese entonces por diferentes compañías constituidas con posterioridad a 1.886. De esa manera se pudo interconectar 50.000 aparatos atendidos por esas compañías con los más de 260.000 abonados de la UT, los que hasta ese momento funcionaban sin vinculación alguna.

El 30 de septiembre de 1.930 los bienes de la UT fueron adquiridos por el Estado Argentino. Para la explotación del servicio fue constituida la Empresa Mixta Telefónica Argentina (EMTA) que el 18 de marzo de 1.948 por disposición del presidente Juan Domingo Perón, se convirtió en un organismo totalmente estatal, la Dirección General de Teléfonos del Estado (TE) la cual en 1.957 pasó a llamarse EMPRESA NACIONAL DE TELECOMUNICACIONES, **ENTel.** (por ello se estableció esa fecha como el *día del teléfonico*).

En aquellos tiempos coexistían ENTel y otras compañías privadas. Una de ellas era C.A.T. (Compañía Argentina de Teléfonos) que brindaba el servicio en las provincias de Tucumán, Salta, Santiago del Estero, San Juan y Mendoza. Otra era C.E.T. (Compañía Entrerriana de Teléfonos), con servicios, obviamente en la provincia de Entre Ríos. En Buenos Aires, Córdoba, Santa Fe, toda la Patagonia y el resto de las provincias, el servicio era estatal brindado por ENTel.

El 20 de septiembre de 1969 ENTel habilitó la "Estación Terrena Balcarce" para vincular Argentina con el resto del mundo, haciendo uso de los satélites de comunicaciones INTELSAT. Así ENTel. se convirtió en de la empresa más importantes de Latinoamérica, tanto por su extensión como por la cantidad de abonados y de llamadas cursadas.

En Tucumán, mientras tanto, en 1928 CAT ya poseía la central Muñecas (Tuc1) con capacidad para 10.000 abonados electro-mecánica. En 1.969 se inaugura la central Villa Luján para 10.000 abonados sistema CrossBarr. En 1.970 se habilita la central Buenos Aires (Tuc4) con tecnología electrónica.

En septiembre de 1.989 durante la "fiebre" de las privatizaciones, el servicio telefónico argentino, tildado de monopolio estatal, fue concesionado a otro monopolio, pero privado: Telecom y Telefónica. Lo que siguió no merece comentarse.

3. Desarrollo en Tucumán[2]

El inicio de la telefonía en el NOA se remonta a 1926 cuando en Santiago del Estero se instala la primera central de conmutación. En Tucumán, el "adelanto" se produce recién en 1928 con la instalación de un central electromecánica para 10.000 abonados que se llamó TUCUMAN I. Como anécdota de interés, la tecnología de la misma era a base de selectores de 500 salidas, tal como lo realizaban los suecos de la compañía Ericcson.

Dada la característica urbana de la capital tucumana y por ende la distribución de los abonados, se calculó el centro telefónico ideal ubicándolo físicamente en la calle Muñecas 226 sede de la central más importante de la actual área múltiple San Miguel de Tucumán.

La distribución se realizó mediante el sistema de armarios y secundarios de tendido aéreo usando el tradicional cable de plomo sustentado por otro de acero que le daba su aspecto característico. Configuraron un área o distrito de abonados dentro de las 4 avenidas tradicionales, que se llamó AZTB (Abonados Zona Tarifa Básica), ya que además se sirvieron a otros abonados fuera de esta área pero con otro tipo de tarifación.

Con el aumento de la demanda, se duplicó la cantidad de líneas instalando una nueva central de 10.000 abonados y de la misma tecnología llevando a 20.000 las líneas disponibles.

Con esta ampliación se consiguió disminuir la zona geográfica cubierta por cada sub-repartidor o armario.

---

2. (fuente: Ing. Hugo Gramajo - CAT)

APÉNDICE B

1. Historia de las unidades de tráfico

Como curiosidad anecdótica, se mencionará brevemente las varias unidades de medición que intentaron usarse. Recordemos que cada vez que una ciencia o disciplina se desarrolla, cada grupo de investigación intenta por separado encontrar una unidad de medida adecuada a los nuevos parámetros. Relacionados a telefonía y a comunicaciones, el decibel, y el erlang son ejemplos muy característicos. En efecto:

Los alemanes llamaron a su unidad "Verkeheinheit"   [**V.E.**]

Los ingleses la denominaron "Traffic Unit"   [**T.U.**]

Ambas unidades eran (o lo son) equivalentes a 1 [E].

A su vez en EEUU se adoptó la "Unit Call" [**U.C.**] cuyo valor numérico indica la cantidad de ocupaciones por hora, sobre la base de un tiempo medio de ocupación de 100 segundos. Por eso 1[E] = 36 U.C.

También los franceses impusieron su unidad y la llamaron *appels rèduits a 1'heure chargès* [**A.H.R.C**]. indica la cantidad de ocupaciones por hora, sobre la base de un tiempo medio de ocupación de 120 segundos. Por eso 1[E] = 30 [A.H.R.C.].

Por supuesto las tablas de conversión existían por todos lados. Afortunadamente hoy ya no es necesario, pues globalmente se ha adoptado como unidad de tráfico al erlang.

2. Biografía de A. K. Erlang[1]

Agner Krarup Erlang (1878-1929) fue la primera persona en abordar el problema de las redes telefónicas. Estudiando la centralita de teléfono de un pueblo dinamarques encontró una fórmula, conocida hoy como *fórmula de Erlang*, para calcular la probabilidad que algún abonado intente llamar a alguien de fuera del pueblo cuando todas las líneas están ocupadas.

---

1.   tomado de http://www.matematicalia.net

Aunque el modelo de Erlang es sencillo, las matemáticas subyacentes en las complejas redes telefónicas de hoy en día todavía están basadas en su trabajo.

Erlang nació en Lonborg, en Jutlandia, Dinamarca. Su padre, Hans Nielsen Erlang, era el director del colegio y el clérigo de la aldea. Su madre, Magdalene Krarup, provenía de una familia eclesiástica y contaba con un famoso matemático danés, Thomas Fincke, entre sus antepasados. Tenía un hermano, Frederik, que era dos años mayor y dos hermanas más pequeñas, Marie e Ingeborg. Agner pasó sus primeros días escolares con ellos en el colegio de su padre. Frecuentemente pasaba las tardes leyendo libros con Frederik, quien los leía del modo convencional mientras que Agner se sentaba frente a él y los leía del revés. En esta época una de sus asignaturas favoritas era la astronomía, sobre la que gustaba de escribir poemas. Cuando hubo acabado su educación primaria recibió clases particulares y aprobó con distinción el Præliminæreksamen (un examen de ingreso en la Universidad de Copenhague).

Contaba entonces tan sólo 14 años, y tuvo que concedérsele un permiso especial.

Agner volvió a casa, donde permanecería por dos años, enseñando en la escuela de su padre y continuando con sus estudios. Durante este periodo también aprendió francés y latín. A los 16 años su padre quiso que volviera a la universidad, pero el dinero era escaso. Un pariente lejano lo alojó gratuitamente mientras preparaba los exámenes de ingreso a la universidad en el instituto de secundaria de Frederiksberg. Obtuvo una beca para la Universidad de Copenhague y se graduó allí en 1901 con matemáticas como tema principal y astronomía, física y química como temas secundarios.

Durante los siete años siguientes dio clase en varios colegios. Aunque su inclinación natural era la investigación científica, demostró tener unas excelentes cualidades para la enseñanza. No era demasiado sociable; prefería observar, y se comunicaba lacónicamente. Sus amigos lo apodaron "La Persona Privada". Durante sus vacaciones de verano aprovechó para viajar al extranjero: Francia, Suecia, Alemania y Gran Bretaña, donde visitó galerías de arte y bibliotecas. Mientras enseñaba, continuó sus estudios en matemáticas y ciencias naturales. Como miembro de la Asociación de Matemáticos Daneses entabló contacto con otros matemáticos, incluyendo personal de la Compañía Telefónica de Copenhague, para la que trabajó en 1908 como colaborador científico y más tarde como jefe de laboratorio.

Erlang inmediatamente comenzó a investigar en la aplicación de la teoría de probabilidades a los problemas del tráfico telefónico, y en 1909 publicó su primer trabajo sobre el tema [1], donde probaba que las llamadas telefónicas aleatorias siguen una distribución de Poisson. Al principio no tenía personal alguno en el laboratorio para ayudarle, así que él mismo tuvo que medir todas las pérdidas de fluido eléctrico. A menudo era visto en las calles de Copenhague, acompañado por un trabajador que llevaba una escalera, la cual utilizaban para descender por las bocas de registro. Siguieron otras publicaciones. Su trabajo más importante [2] apareció en 1917. Este artículo contenía fórmulas para los tiempos perdidos y de espera, hoy bien conocidas en la teoría del tráfico telefónico. Se puede encontrar un exhaustivo compendio de su obra en [3]. El interés por sus trabajos fue en aumento y varios de sus artículos fueron traducidos a inglés, francés y alemán. Sus obras estaban escritas en un estilo muy conciso, omitiendo a veces las demostraciones, lo que las hizo difícilmente inteligibles para los no especialistas. Es sabido que un investigador de Bell Telephone Laboratories, en Estados Unidos, aprendió danés para poder leer los artículos de Erlang en su lengua original. Su trabajo sobre la teoría del tráfico telefónico le hizo merecedor del reconocimiento internacional. Su fórmula para la probabilidad de las pérdidas fue aceptada por la British Post Office como base para el cálculo de las instalaciones necesarias para proporcionar un servicio adecuado. Fue socio de la British Institution of Electrical Engineers.

Erlang dedicó todo su tiempo y energía a su trabajo y estudios. Nunca se casó, y con frecuencia trabajaba hasta altas horas de la noche. Recopiló una enorme biblioteca, compuesta principalmente de libros sobre matemáticas, astronomía y física; pero también le interesaron la historia, la filosofía y la poesía. Sus amigos encontraban en él una buena y generosa fuente de información sobre muchos asuntos. Era conocido como una persona caritativa. A menudo, gente necesitada iba en demanda de ayuda al laboratorio, que él generalmente les proporcionaba de forma discreta. Erlang trabajó para la Copenhague Telephone Company durante casi 20 años y, sin haber tenido nunca tiempo para caer enfermo, entró en el hospital para una operación abdominal en enero de 1929. Murió algunos días más tarde, el domingo 3 de febrero de 1929.

El interés por su trabajo continuó después de su muerte, y hasta 1944 *erlang* fue el término utilizado en los países escandinavos para denotar la unidad de tráfico telefónico. El reconocimiento internacional le sobrevendría al final de la II Guerra Mundial [4].

Referencias Bibligráficas

Brockmeyer E., Halstrom, H.L. Jensen, A.: *The life and works of A.K. Erlang.* The Copenhaguen Telephone Company, 1948.

Erlang, A.K.: Solution of some problems in the theory of probabilities of significance in automatic telephone exchanges. *Elektrotkeknikeren* 13 (1917).

Erlang, A.K.: The Theory of Probabilities and Telephone Conversations. *Nyt Tidsskrift for Matematik B* 20 (1909).

Proceedings of the CCIF [Le Comité Consultatif International des Communications Téléphoniques à Grande Distance]. Montreux, 1946.

APÉNDICE C
SHANNON

Claude Elwood Shannon (1916- 2.001)

Ingeniero Electrotécnico y Matemático, nacido el 30 de abril de 1916 en Gaylord, Michigan (Estados Unidos), considerado como el padre de la era de las comunicaciones electrónicas.

Realizó sus estudios superiores en la Universidad de Michigan. En el Instituto Tecnológico de Massachusetts (MIT) obtuvo su doctorado en el año de 1940. Mientras trabajaba para los Laboratorios Bell formuló una teoría que explicaba la comunicación de la información, conocida como La Teoría de la Información.

La teoría matemática de la comunicación era el clímax del matemático Shannon y de sus investigaciones en la ingeniería. El concepto de la entropía es una característica importante de la teoría de Shannon, esto es que en el envío de información existe un cierto grado de incertidumbre de

que el mensaje llegue completo.

Shannon demostró en 1938, cómo las operaciones booleanas elementales, se podían representar mediante circuitos commutadores eléctricos, y cómo la combinación de circuitos podía representar operaciones aritméticas y lógicas complejas. Además demostró como el álgebra de Boole se podía utilizar para simplificar circuitos conmutadores. El enlace entre lógica y electrónica estaba establecido.

En 1940 estudió un master en ingeniería eléctrica y se doctoró en filosofía matemática. Pasó quince años en los laboratorios Bell, una asociación muy fructífera con muchos matemáticos y científicos de primera línea como Harry Nyquist, Walter Houser Brattain, John Bardeen y William Bradford Shockley, inventores del transistor; George Stibitz, quien construyó computadoras basadas en relevadores y muchos otros más. Durante este período Shannon trabajó en muchas áreas, siendo lo más notable todo lo referente a la teoría de la información, un desarrollo que fue publicado en 1948 bajo el nombre de "Una Teoría Matemática de la Comunicación". En este trabajo se demostró que todas las fuentes de información (telégrafo eléctrico, teléfono, radio, la gente que habla, las cámaras de televisión, etc.) se pueden medir y que los canales de comunicación tienen una unidad de medida similar. En su homenaje la unidad de medida de la cantidad de información es el Shannon [Sh] (antes y desafortunadamente se le llamaba bit).

Mostró también que la información se puede transmitir sobre un canal si, y solamente si, la magnitud de la fuente no excede la capacidad de transmisión del canal que la conduce, y sentó las bases para la corrección de errores, supresión de ruidos y redundancia. Es reconocido por su fórmula de la capacidad de un canal de comunicación en función de su ancho de banda y la relación señal aruido:

$$C = B \log_2 (1 + \frac{S}{N})[bit/seg]$$

En el área de las computadoras y de la inteligencia artificial, publicó en 1950 un trabajo que describía la programación de una computadora para jugar al ajedrez, convirtiéndose en la base de posteriores desarrollos. A lo largo de su vida recibió numerosas condecoraciones y reconocimientos de universidades e instituciones de todo el mundo.

Claude Elwood Shannon falleció el 24 de febrero del año 2001, a la edad de 84 años, después de una larga lucha en contra la enfermedad de Alzheimer.

Referencias Bibliográficas

C. E. Shannon, *A mathematical theory of communication*. Bell System Technical Journal, vol. 27, pp. 379-423 and 623-656, July and October, 1948.

APÉNDICE D
TASACIÓN

• Llamadas locales (*)

Son las que se efectúan dentro del área local. Se tasan según la hora y día de su realización, de acuerdo con las siguientes tarifas

   ■ Tarifa normal: Cada 2 minutos $0,0469

   ▨ Tarifa reducida: Cada 4 minutos $0,0469

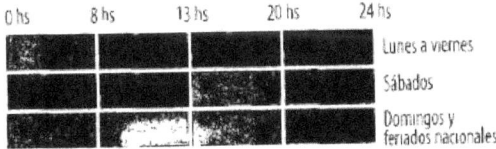

• Llamadas de larga distancia

Son las que se realizan entre distintas áreas locales. Las comunicaciones que se cursen se tasarán de acuerdo con la distancia, hora y día de las mismas

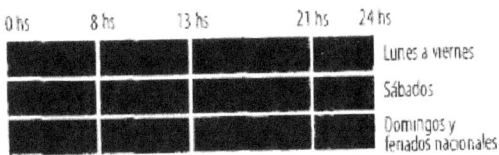

Fuente: Guía Telecom

Si el cliente tiene acceso a DDN y efectúa su llamada por operadora, sobre la tarifa correspondiente se le facturará un recargo del 30%

Las comunicaciones a las Islas Malvinas se tasarán como clave 12 de larga distancia con un descuento del 50%

> • Las llamadas de larga distancia correspondientes a Clave 1 (llamadas hasta 30 Km.), tienen la misma tasación que las locales.

> • Existe un cargo mínimo por llamada de $0,0469, de aplicación para las llamadas locales y de larga distancia.

(*) Por Planes de Descuentos Locales, consulte al 0800-888-ELEGIR (3534) de lunes a viernes de 08 00 a 21 00 hs

a) Identificar, en base a la localidad a la que pertenece el cliente que usted desea llamar, la clave tarifaria correspondiente a la comunicación. Ver tablas de Códigos de Area

b) Con la clave tarifaria obtenida, verificar el importe en la tabla de tarifas de larga distancia

Tarifas de larga distancia Pesos por minuto**

Clave-Tarifaria	Distancia	Normal	Reducida	Descuento
2	Más de 30/55 Km	0.162	0.126	22%
3	Más de 55/110 Km	0.180	0.126	30%
4	Más de 110/170 Km	0.354	0.228	36%
5	Más de 170/240 Km	0.408	0.288	29%
6/12	Más de 240 Km	0.498	0.348	30%

** El fraccionamiento de estas comunicaciones se realiza por segunda.

Fuente: Guía Telecom

APÉNDICE E
Cx. SIN BLOQUEO

Una ventaja muy atractiva de la conmutación de una sola etapa es que no existe bloqueo. Esto significa que si la parte llamada está libre, la conexión deseada puede hacerse activando el punto de cruce apropiado, el que corresponde a ese particular par entrada-salida. Pero si el punto de cruce es compartido, como ocurre en la conmutación de múltiples etapas, la probabilidad de bloque se incrementa.

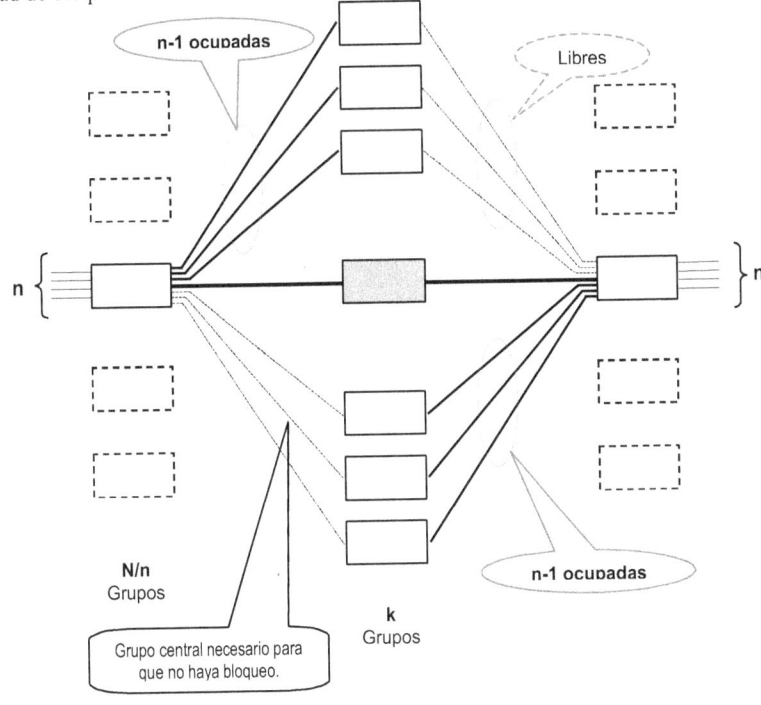

Figura F.1 caso más desfavorable en un arreglo de 3 etapas sin bloqueo.

En el año 1.953 el ingeniero Charles Clos (de la Bell Laboratory) publicó un estudio sobre un arreglo de tres etapas y demostró que la conmutación podría hacerse sin bloqueo con una cantidad suficiente de arreglos centrales **k** (ver §5 del capítulo VIII). Demostró que si n es la cantidad de lineas de entrada a cada grupo, haciendo k=2n - 1 no existiría bloqueo en cada arreglo individual.

La condición de NO bloqueo, proviene del hecho de que se requiere un enlace libre en la primera etapa y otro enlace libre en la tercera etapa, entonces el secreto está en disponer de un enlace libre en la etapa central. Haciendo un gráfico similar al de la figura 6-VIII de un arreglo de tres etapas así como el de la figura 1-H, vemos que hay N lineas de entrada y se hacen N/n grupos de **n** entradas cada uno. Por supuesto se dibuja la misma cantidad como salida y se sobreentiende que el destino buscado está libre!

Para hacer el análisis, digamos que para que exista una conexión libre hacia el destino solicitado, solo pueden estar ocupadas n – 1 entradas al arreglo central y solo (n – 1) salidas del arreglo central. Por eso, haciendo k > (n – 1) siempre podrá haber grupos centrales libres hacia una salida determinada. Dicho de otra forma: si un grupo de n entradas de la 1ra. etapa tiene ocupadas (n – 1) salidas y el grupo de llegada en la 3ra etapa tiene también ocupadas (n – 1) entradas, con solo hacer k > (n -1) se dispondrá al menos de un enlace vacante hacia el grupo requerido.

Para saber el valor de **k** elegimos el caso más desfavorable, esquematizado en la figura 1-H que es cuando todos los (n – 1) enlaces ocupados del grupo de la 1ra etapa "caen" justo en un subconjunto determinado de la etapa central y a su vez los (n – 1) enlaces ocupados del grupo requerido en la 3ra etapa "caen"en el subconjunto restante del arreglo central. Sin embargo si existiera al menos un grupo más, como el sombreado,sí sería posible la conexión. Entonces para que no haya bloqueo deberá ser:

$$k = (n-1) + (n-1) + 1 \text{ por lo que } \mathbf{k = 2n - 1}$$

Se había visto que la cantidad de puntos de cruce estaba dado por:

$$N_x = 2kN + k \, (N/n) \, (N/n)$$

Si ahora se sustituye el valor encontrado de k se obtiene

$$\mathbf{N_x = 2N \, (2n-1) + (2n-1) \, (N/n)^2}$$

Es obvio que la cantidad de puntos de cruce dependerá de la manera en que se haga la distribución de las **N** líneas en grupos de tamaño **n**, pero puede calcularse la cantidad de puntos de cruce mínima para el caso sin bloqueo haciendo $d\mathbf{N_x}/d\mathbf{n}$ e igualándola a cero, obteniendo el valor n óptimo $\mathbf{n_{op}} = (N/2)^{1/2}$ con lo cual $\mathbf{N_{xmin}} = \mathbf{4N((2N-1)^{1/2}}$.

Referencias Bibliográficas

BELLAMY,JOHN. *Digital Telefhony. Cap II.* Ed John Wiley & Sons. 2000.

APÉNDICE F
OPERADORES DE TELEFONÍA MÓVIL

En nuestro país el advenimiento de la telefonía celular se produce en 1988 antes de la privatización de ENTel, a través de la Bell South a quien el Gobierno Nacional concedió una licencia para operar en la región de Buenos Aires bajo la denominación comercial de "*Movicom*" bajo el sistema AMPS.

En 1992 se otorga una segunda licencia a las dos operadoras del sistema fijo – Telecom y Telefónica – bajo el nombre de Movistar, mejor conocida por "*Miniphone*". Entre ambas llegaban a tener en 1996 cerca de 400.000 abonados.

El interior se dividió en dos regiones que en 1994 fueron adjudicadas ambas a la Compañía de Teléfonos del Interior conocidas como "*CTI*". Que también comenzó con el estándar AMPS. Ese mismo año las operadoras de teléfonos fijos, Telecom y Telefónica crean compañías propias para la telefonía móvil denominadas CCPI - Compañía de Comunicaciones Personales del Interior conocida como "*Telecom Personal*" y TCP "*Telefónica de Comunicaciones Personal*". Comienzan a operar en 1996 en las mismas zonas adjudicas a la parte fija, usando AMPS/DAMPS.

En 1999 se adjudican nuevas licencias en la banda de 1900 MHz, resultando que en la zona norte se incorporan los operadores "MOVICOM" y "UNIFON"1 con un ancho de 40 MHz c/u y a las ya existentes "Personal" y "CTI" se les asigna 20 MHz. En las dos zonas restantes se produce una adjudicación similar. En la banda de 800 MHz los operadores sombreados en la siguiente tabla, disponen de 25 MHz cada uno.

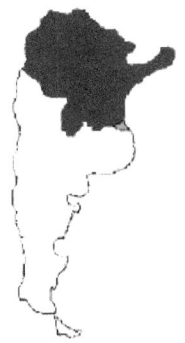

Las 3 zonas nacionales de operadores de telefonía

---

1. Movicom y Unifon se fusionaron en 2005 para formar MOVISTAR.

Mensajes de texto

La evolución telefonía celular ha sido en la Argentina algo que ni el más optimista de los operadores hubiese pronosticado. En diciembre de 2.006 ya se mandaban en promedio 5 millones de mensajes de texto por mes! La cantidad de aparatos celulares trepaba a 28,5 millones, y para diciembre de 2.007 se contabilizaron más de 35 millones, lo que representó que haya un aparato por habitante. Pero considerando que niños menores de 6 años y adultos mayores de 75 no lo utilizan, se concluye que hay más de un aparato por habitante. Densidad muy por encima de la media mundial. Se calcula que hay 4 celulares por cada vivienda en el país.

Si bien la tarifa de cada SMS es entre 5 y 6 veces menor que el minuto de voz las recaudaciones son fabulosas.

Argentina se ha posicionado como el líder del desarrollo en el sistema combinado de abono y tarjeta.

Si consideramos que los servicios adicionales brindados por la telefonía móvil va en constante aumento (servicios IP, TV, localizadores de personas, seguridad, datos e información pública entre otros) la cantidad de aparatos seguirá creciendo exponencialmente y por ende las ganancias de las prestadoras.

APÉNDICE G
NEPER

El neper es una unidad de relación. No es una unidad del **S.I.** (Sistema Internacional), pero es aceptada para uso con él.

Es usado para expresar razones, tales como ganancia, perdida y valores relativos. Su nombre se deriva de John Neper, el inventor de logaritmos.

El neper utiliza una base e (2.71828182846...) o base de logaritmo natural)

En algunos países, para los mismos fines que el decibelio, se utiliza otra unidad llamada neper, que es similar al belio pero que en lugar de estar basada en el logaritmo decimal de la relación de potencias lo está en el logaritmo natural o neperiano de la citada relación, viniendo el número de nepers dado por la fórmula:

$$Np = \ln \frac{x_1}{x_2} = \ln x_1 - \ln x_2$$

El neper se utiliza frecuentemente para expresar relaciones entre voltajes o intensidades, mientras que el decibelio es más utilizado para expresar relaciones entre potencias.

ACERCA DEL AUTOR

El Ing. Francisco César Suárez Vargas es egresado de la Universidad Tecnológica Nacional. Cursó sus estudios en la Facultad Regional Tucumán, graduándose en el año 1.983 con el título de Ingeniero en Electrónica. Realizó su curso de post grado en Telecomunicaciones en la Facultad de Ingeniería de la Universidad de Buenos Aires.

Se inició en la docencia en 1.984 en el Departamento Electrónica de la F.R.T. como auxiliar en Sistemas de Comunicaciones I. Actualmente es profesor de las asignaturas Sistemas de Comunicaciones I de 4to año, Telefonía y Sistemas de Comunicaciones II de 6° año. Es, además Jefe de Trabajos Prácticos en Análisis de Señales y Sistemas de 3°.

En su carrera laboral estuvo en SiCom de Motorola BGH en el Departamento Fabricación de Componentes Electrónicos desde el año 1.971 hasta mediados del año 1.977 en el que ingresó a la Empresa Nacional de Telecomunicaciones (EnTel) para realizar el mantenimiento de la red de microondas noroeste por donde se canalizaba el tráfico telefónico y de televisión. Durante la etapa en EnTel se relacionó con profesores de capacitación, autores de importantes publicaciones técnicas como los ingenieros Rubén O. Kustra, Roberto Ares, Luis Perazo, Osvaldo O. Tujsnaider, Dr. Ing. Máximo Lemas, entre otros, de quienes obtuvo valiosos conocimientos. Continuó en la privada Telecom hasta 1.992.

Sigue actualmente su carrera laboral como Sub Director de la Dirección Comunicaciones de la Policía de Tucumán.

Ha realizado algunas publicaciones locales (apuntes distribuidos por el centro de estudiantes) siempre en temas de comunicaciones tales como: "Cantidad de Información", "Convolución", "Frecuencia Modulada", "Ruido en Comunicaciones", "Ruido en la modulación de amplitud - Comparación de los sistemas", "Transmisión de Información" y "Matemática Aplicada". "Transmisiones Digitales" entre otros.

MATEMATICA

Algebra y Geometría. *Molina-Gigena y otros.*
Análisis Matemático I. *Azpilicueta - Gigena y otros.*
Matemática I para Ciencias Naturales. *Vera de Payer.*
Algebra Lineal. *Elizabeth Vera de Payer.*
Introducción a la Matemática. *Azpilicueta y otros.*

FISICA Y QUIMICA

Notas de Química General. *P. Carranza - S. Faillaci.*
Física I. Problemas Resueltos. *F. Arenas.*
Física II. Electromagnetismo. *G. V. Morelli.*
Física III. Calor y Termodinámica. *G. V. Morelli.*
Termodinamica Técnica. *F. Arenas.*
Termodinamica Técnica. Guia de Aplicaciones. *F. Arenas.*

DISEÑO

Representación Gráfica. *O. Maligno y otros.*

INGENIERIA E INFORMATICA

Algoritmos y Estructuras de Datos. *V. Fritelli*
Fundamentos de Informática. *J. Weber*
Lenguaje C++. *K. Barclay.*
Aprenda Visual Basic. *J. García.*
Sistemas Operativos. *N. Cura.*
Comunicaciones. *J. Galoppo.*
Redes de Información. *C. Sánchez - J. Galoppo.*
Introducción a Sistemas de Control. *V. H. Sauchelli.*
Sist. Celulares de Comunicaciones Móviles. *J. Galoppo.*
Red de Telefonia Publica. *J. Galoppo.*
Métodos Numéricos. *R. Gil Montero.*
Resolviendo Problemas con Matlab. Métodos Numéricos. *R. Gil Montero.*
Resolviendo Problemas con Matlab. Sistemas de Control. *V. Garrone.*
Guía de Introducción a Matlab. *J. García - J. Rodriguez.*
Resolución de Problemas con C++. *R. Gil Montero.*
ADSL - Asymetric Digital Subscriber Line. *N. Cura.*
Organización Industrial. *Carlos Boero.*

INGENIERIA INDUSTRIAL

Gestión de Abastecimiento. *Carlos Boero.*
Costos Industriales. *C. Boero.*
Evaluación de Proyectos. *C. Boero.*
Mantenimiento Industrial. *C. Boero.*
Introducción a la Logística. *C. Boero.*
Gestión de Mantenimiento. *L. Torres.*
Mercadotecnia. *M. Gómez - G. Gimenez.*
Costos Industriales. *F. Antón - O. Giovannini.*
Recursos Humanos. *M. Gomez - G. Gimenez.*

ELECTRONICA Y COMUNICACIONES

Teoría de las Comunicaciones. *P. Danizio.*
Sistemas de Comunicaciones. *P. Danizio.*
Cálculo de Radioenlaces. *P. Danizio.*
Fuentes Conmutadas. *J. C. Floriani.*
Campos Electromagnéticos y medios de enlace. *A. García Abad*
Sist. de Control No Lineales. *V. Sauchelli.*
Sist. de Control Digitales. *V. Sauchelli.*
Teoría de la Información y Codificación. *V. Sauchelli.*
Teoría de Señales y Sistemas Lineales. *V. Sauchelli.*
Redes de Telecomunicaciones. *H. Risso.*
Teoría Moderna de Filtros con Matlab. *W. Monsberger.*
Elementos de Programación en C++ para Ing. electrónicos. *Destéfanis.*
Mediciones Electrónicas. *Hugo Grazzini.*
Teoría de Señales. *E. Vera de Payer.*
Análisis Conjunto Tiempo-Frecuencia. *E. Vera de Payer.*

AERONAUTICA

El Avión. Calidad del equilibrio, control y estabilidad dinámica. *J. A. Sirena.*

MECANICA - ELECTRICIDAD

Sistemas de Puesta a Tierra. *J. C. Arcioni.*
El Campo Electrico en Alta Tension. *A. Torresi.*
Mediciones en Alta Tensión. *A. Torresi.*
Sobretensiones. *A. Torresi.*
Manual del Instalador Electrico. *R. Levy.*
Proyecto, Diseño y Montaje de Instalaciones Eléctricas. *R. Levy.*
Las Puestas a Tierra, criterios de seguridad electrica y tecnia. *R. Levy.*

INGENIERIA CIVIL

Introducción a la Teoría de la Elasticidad. *Godoy-Pratto-Flores.*
Estructuras Metálicas. (2 Tomos) *G. Troglia.*
Estructuras de Acero. (2 Tomos) *G. Troglia.*
Analisis de estructuras de Barras. *Prato-Massa*
Hormigon Armado y Pretensado. *Larsson.*
Hormigon Armado. *Moller.*
Manual de Corrosion de Estructuras de HA. *Durar.*
La Descentralización como estrategia... *Armesto-Bonifacino.*
Estabilidad. Conceptos Teoricos. *Weber.*
Estabilidad. Guia de Actividades. *Weber.*
Orden y Argumento en una Tesis. *L. Godoy.*